センスは知識からはじまる

暢銷紀念版

品味，從知識開始

日本設計天王打造百億暢銷品牌的美學思考術

水野學

目次

Part 2 這是「好品味」被視爲必備技能的時代

Part 5 培養「品味」，提升專業能力

Foreword

先累積不同凡行，才有不同凡想

——洪震宇（金鼎獎作家、跨領域創意教學工作者）

要如何擁有不同凡「想」的創意靈感？

日本知名設計大師水野學在書中指出，一般人都認為讓人眼睛為之一亮的成果，必定來自前所未見的事物，是與生俱來的品味所帶來的啟發。

但他卻強調，沒有來自雲端、從天而降的靈感，都是經過一點一滴、務實且不起眼的輸入，透過不同階段的思考累積、日積月累的肌肉訓練、跳躍前的迅速助跑，才會出現跳躍性的產出。

水野學在書中使用兩個核心概念，清楚地提供解答——一個是品味，另一個是知識。

水野學對品味的定義，並不像已故的法國社會學大師——布迪厄（Pierre Bourdieu）討論「文化資本」概念中的品味這般狹隘。布迪厄認為，品味是菁英階級的文化涵養、舉止風範。引領社會風氣的上層品味，是經由世家大族的傳承、金錢潛移默化打造而成；透過文化資本的種種微妙細節與知識，可以創造出更大的地位優勢。

相對地，水野學對品味的定義，則是透過主觀理解的質化能力，去判斷無法以數字量化的現象，讓事物表現出最佳樣貌的能力。看似有點繞口，我直接使用「sense」這個字眼，或許大家更容易理解，簡單地說就是具有辨識及判斷能力。

有創意與沒創意，差別的根源就在於品味。水野學認為，品味是每個人與生俱來的能力，只因後天的培養、運用與鍛鍊，導致巨大的效果差異。

他以水做比喻，品味就像是每個人原本都擁有的水。有些人會思考如何在最適當的時刻端出最適當的水，表現出水的最佳樣貌：例如夏天在冰水中加幾滴檸檬汁、冬天則沖泡入口就讓身心溫暖的熱茶。但有些人從不在意，永遠端出同樣的水，即使冬天也提供涼掉了、不太新鮮的水。

前者就是品味好的人，後者就是品味差的人。差別就在於能否關注情境及他人的感受，去創造令人感動難忘的價值。

他舉例，打掃馬路的清道夫，工作的價值是創造「乾淨的道路」，因此必須了解什麼叫乾淨；在便利商店工作的人，工作的價值是提供顧客「便利性」，因此必須了解什麼是便利。乾淨的道路或是便利性，有多少價值呢？要做什麼事情才能維持這個價值？要是缺乏這些知識，就只能依照工作手冊的指示工作，而無法創造更大的價值。

這是一種主觀與客觀之間交替轉換的能力。他在前作《點子接著劑》中提到：

光靠自我判斷，相信自己絕對正確，最終只能答對五一%；剩下的四九%不是答錯，就是落在意想不到的位置上。

而這四九%才是創意發揮之處，也就是普羅大眾需要、喜歡的事物。水野學定義的品味，關鍵就在於感受他人的能力。深刻了解現狀，理解他人的需求，透過各種知識與經驗，找出最佳化的解決方案。

他一再強調，品味是每個人天生擁有的能力，而不是少數人的天賦。能讓事物表現出最佳樣貌的人，其品味絕不是來自感覺，而是透過不斷地鑽研，累積大量知識；只要肯用心鑽研，就能擁有品味能力。

從品味到知識，是這本書的第二個核心。水野學認為，磨練品味的方法，就是累積知識與保持客觀；反過來說，不用功與自以為是，就是提升品味的大敵。

他對「知識」的定義，不是指高深的學問，而是像個旅人一樣，充滿好奇，透過溝通、聆聽、考察、感受各種資訊，加以消化整理後，成為自己的知識系譜。

我形容這種「知識」是一種「脈絡」。了解每件事、每個人故事的來龍去脈，擁有越多的脈絡，就擁有更多重的視野，更能跳脫自己的框架，去理解與感受更多事物背後的真相。唯有了解痛點之所在，才能找出更好的解決方案。

知識要越收集越廣，觸角天線也越廣越好，這是加法，但不能因此而迷失，失去自由聯想的能力，變成人云亦云；而屬於減法的品味能力一樣重要。從自己的知識庫中找出重組、整合、轉換的能力，以找到最佳化的創意提案。

水野學形容，知識就像紙張，品味則像畫作，紙張越大，能自由自在、隨心所欲作畫的可能性就越高。

這本書不只是幫助我們成為組織內部無形的創意總監，也能幫助我們成為自己人生的創意總監。透過親身體會，累積各種生活與工作上的知識，擴大自己的畫紙，才知道如何揮灑屬於自己的創意色彩。

前提是，跳脫萬事萬物表象的理所當然，以及自以為是的狹隘框架。

知名的波蘭記者瑞薩德．卡普欽斯基在《帶著希羅多德去旅行》說：「越過自身經驗的邊境，就是世界。」

創意就在邊境，而非天邊的雲端。只要我們能走出自己的邊境，走入他人的國度，就能進入不同的燦爛世界。

品味，從知識開始；知識，則從行動開始。先累積不同凡行，才有不同凡想，也才能累積屬於自己獨特的品味與知識。

Prologue

品味並非與生俱來

通常我都很乾脆地公開一切。

比方說，只要有人問我：NTT docomo 的品牌——「iD」是怎麼產生的？「熊本熊」為什麼是黑熊？我都會照實回答。

在接受採訪時，只要被問到怎麼產生創意？怎麼創作？我總是知無不言。至於當中的本質和具體步驟，也會在演講或大學課堂上詳細解說。此外，我也撰寫相關書籍，面對客戶時，即使對方不主動開口，我也會毫不保留地傾囊相授。

換句話說，good design company 是一家「零商業機密」的公司。

如果說我像個「開發商品的創意盒」，那麼我很樂意把擁有的一切全部倒出來，攤在陽光下。

盒子裡裝的都是很實用的東西，只要了解方法，做了該做的事，花費　定的時間，任何人都能學會。

我之所以辦得到，並不是因為我比較特別。

然而，外界似乎總是有所誤解。

「我懂水野老師的意思。不過，要想出這麼厲害的企劃還是需要品味吧？希望你教教我，怎麼樣才能擁有靈感和品味。」

不知道為什麼，很多人都這麼想。

大家都以為在我這個空蕩蕩的盒底，還暗藏一件閃閃發亮的物品——品味。

無論我提出多少方法或理論，甚至向所有人展示空無一物的盒底，還是無法解開這個誤會。

「雖然您這麼說，但終究還是品味的問題吧？」

眾人異口同聲，似乎認為「品味」就像魔法石，不時會變得透明，潛藏在我的方法或理論之後，是一團解不開的謎。

我在慶應義塾大學環境情報學部擔任特聘副教授時，有一次跟學生談到「偏向某種風格的分類法」，這個方法在《產出的開關》這本書中也曾出現過，是為了打造暢銷商品而特別開發的，內容指出所有暢銷商品都有一個共通點，就是具備了這項產品該有的樣子（或稱為觸發物），才能緊緊抓住人心；為了確實掌握可以刺激銷售的觸發物，有一個有效的方法，就是利用「偏向某種風格」的概念將產品歸納分類。

◆如果是熊本縣的熊，應該是偏向蝦夷棕熊的「日式風格」？還是像泰迪熊那種「西洋風格」？

◆如果是日式風格的熊，「色彩風格」呢？

我經常以熊本熊為例，向學生詳細解釋這個方法，但下課後學生還是會問我各種問題。

「如果正在思考一些比較新奇或有趣的企劃，採用『偏向某種風格的分類』不會很奇怪嗎？」

「我打算提出沒有人見過、全新概念的企劃，如果硬要套用『偏向某種風格的分類』加以歸納，和現有的想法對照，實在是很勉強。」

「我想知道的不是如何用頭腦分類或思考，請告訴我們怎麼做才能擁有品味，才會產生靈感。」

看著他們，我深刻體會到：「品味正是一切問題的根源」。

這些人的心中，都存在著一個難以撼動的大前提——令人眼睛一亮的產出，必定來自於前所未見的事物，而且這樣的事物，只會來自於因品味而生的啟發。

我所指導的學生大多素質良好，學習意願強烈，從不請假。上課時會認真做筆記的學生不在少數，也有不少人下課後會留下來問問題，相當用功。照理說，我的話他們應該都聽進去了，結果卻還是一樣。

我會在課堂上告訴他們：「新奇的企劃未必等於暢銷的企劃。」

重點並不是要做出不同凡響的企劃，就算能做到不同凡響，如果不能「命中」目標族群，就不是社會大眾需要的企劃。另一方面，即使是一開始只是「有點意思」的點子，經過仔細調整，也可能成為不同凡響的新奇企劃。重要的不是點子，而是「精準度」。

除此之外，我也會毫不客氣地提出嚴厲的意見：「快點捨棄企劃一定得讓人驚豔的想法，這種自我表現的野心，經常是企劃無法脫穎而出的主因。」

即便如此，他們仍會提出許多問題，前提都是——「好點子的誕生，都是因為與生俱來的品味所帶來的驚人啟發」。

讀者可能會認為：「他們還是不成熟的學生，所以不懂吧。」事實上，我平日接觸的許多實際在企劃或產品開發領域工作的專業人士，也常說出類似的話。

「哎呀，我就是沒有水野先生的品味，才想不到可以這麼做。」

「靈感之神會不會也降臨到我身上呢？」

連身在第一線的專業人士都會半認真地這麼說，這中間的誤解應該及早破除才對——世界上根本就沒有靈感之神。

事實上，光看我自己的作品，也許有些看似天馬行空的創意，或是出人意表的發想吧。

不過，這些全是事先經過務實且一點都不起眼的輸入，在不同階段分別進行完整的思考之後，才會出現的跳躍性產出。絕不是突如其來就直接跳上雲端，也不是有靈感從天而降。就算能瞬間跳上空中，在這之前也需要每天的肌肉訓練，以及跳躍前的迅速助跑。

品味究竟是什麼？

這本書將會清楚說明。

品味就跟每個人都具備的生理能力一樣。

只要是健康的人，大家生來都能跑、能跳。只是跳躍的成績如何，會因為平日的肌肉訓練或助跑速度而改變。花多少工夫去培養品味，能不能運用自如，其中的差異就是所謂的品味好壞。

本書也將說明培養品味的方法。

品味本身一點也不神祕，也並非少數人才擁有的天賦。只要了解方法，做好該做的事，花費需要的時間，任何人都能擁有好品味。

我想告訴各位，你我擁有的品味本身並無差異，差別只在於如何培養、如何運用，以及如何鍛鍊。

二〇一四年春天
good design company 負責人　水野學

Part 1　品味的定義

品味，是使無法量化的現象，表現出最佳樣貌的能力

我們常會不經意地說出「品味很好」或「品味很差」。

「運用品味」這句話也適用於各個領域。

「美感品味」一詞會出現在很多情況中；時尚品味是大家最熟悉的用法；另外還有像是「擊球的品味」（バッティングセンス，又譯作球感）這類的說法，表示運動項目也需要品味；而工作當然也需要品味。

品味會影響經營模式及銷售狀況。

那麼，「品味的好壞」究竟指的是什麼呢？

提到「穿衣服的品味很好」，大概就等同衣服穿得好看或很醜的區別，這樣的說法大家應該都可以接受。

至於「很有經營品味」（経営のセンス，又譯作經營頭腦），是否就代表營業額的高低，或是業績好壞的區別呢？的確，公司的經營者如果具有經營品味，似乎就代表會創造很多利潤，當然也非常重視數字。

不過，有些公司就算業績好，也不免令人懷疑：「品味？嗯……有嗎？」例如剝削員工或壓榨客戶、一味追求利益的公司，當然就稱不上有品味。

反過來說，如果是業績表現並不出色，卻致力於培養優秀人才、打造堅實企業的經營者，說不定也會讓人覺得是有品味的經營者。

或者是，將利潤投資到新產品的開發，雖然獲利暫時下降了，但這樣的經營者可能也有很好的經營品味。

業績跟營業額都可以量化，但所謂「有品味的公司」，卻無法單純以數字來衡量。

如果將十名頂尖棒球打者的打擊率依序排列，宣稱「打擊率最高的人就是擊球品味最好的人」，恐怕會引發爭議，至少我就不認為有這麼單純。

從這個角度來看就不難理解，品味其實很難以數字衡量。

所謂「有品味」，是指能夠判斷出無法以數字量化狀態的優劣，並加以最佳化的能力。

這是我個人對品味的定義。

時髦、帥氣、可愛都無法量化；但如果是同時出現在某個場合的人，我們就可以按照每個人的個性判斷出服裝的優劣，或做出最好的搭配選擇，也就是所謂「帥氣、有品味」的狀態。

收集「日本最暢銷服裝」的資料，雖然可以做到某種程度的量化，卻不表示穿上之後就會讓品味變好。就像大家應該都知道，穿上最高級的名牌服飾，並不等於品味比較好。

正因品味無法以數字衡量，所以往往被認為是難以理解的概念；但品味好壞的差異確實存在，而且標準會根據環境狀況而改變。

第一步要了解「什麼是普通」

「品味難以解釋，
是僅限於特定人士與生俱來的特質，
就像從天而降的靈感……」
之所以會產生上述誤解，原因之一就是品味無法用數字衡量。
這導致有些人會鑽牛角尖，認為「創新的產出，一定是脫胎於前所未見的想法，而這樣的想法必定是來自因品味而生的靈感啟發」；一旦需要開發商品時，就只想追求「不普通的創意」。

然而，要打造出有品味的商品，「普通」的感覺非常重要；**不僅如此，「普通」正是衡量「品味好壞」的唯一工具。**

那麼，什麼是「普通」呢？

不是大多數人的意見，也不是一般常識。

所謂的「普通」，是了解什麼是「好東西」。所謂的「普通」，是了解什麼是「壞東西」。了解兩者之後，才會懂得「介於兩者之間」是什麼。

因此，我認為「想要提升品味，就得先了解什麼是普通」。

我的意思並不是要大家「做出普通的東西」，而是只要能知道什麼是「普通」，就能製造出各種東西。

比普通好一點的東西、比普通好很多的東西、比普通好上非常多的東西……類似這樣，把普通作為衡量所有事物的「尺」，製作出各式各樣的物品。

雖然我借用了「尺」這個單字來說明，不過既然要衡量的對象是無法以數字量化的抽象概念，也可以換個說法。請想像一下類似「擁有瑞士刀這種多功能的工具」，包含了小刀、葡萄酒開瓶器、小剪刀、指甲刀……各式各樣的工具全都組合在一起。

如果拿瑞士刀裡的小刀跟菜刀相比，菜刀當然比較好切；指甲刀當然也是獨立一只的指甲刀比較好用；不過，擁有一把瑞士刀，卻提供了「不管什麼狀況都可以應付」的安心感——「了解普通」的概念，就很類似這樣的狀況。

或許有人會想，「是否就像是擁有多項資格認證的考照達人呢？」我想表達的意思稍微有些不同。重點並不是「擁有很多道具，所以要做什麼都可以」，而是「這個也做得到，那個也做得到，所以可以知道中間的狀態是什麼」。

例如當有人問到披頭四，我說「他們很厲害」，跟坂本龍一先生說「他們很厲害」，兩者的說服力完全不同。身為音樂專業人士，坂本先生擁有豐富的音樂知識，可以從各個角度來評價披頭四，如果他做出了「很厲害」的結論，當然就很有說服力。人們通常能理解背後的關聯性，也都相信「坂本先生的意見應該很精準」。

坂本先生應該是在熟悉東西方所有音樂人的情況下，才會做出「披頭四很厲害」的認定。可是對那些披頭四就是一切的瘋狂粉絲來說，不管滾石合唱團或B'z都無法與披頭四相提並論，他們堅信「沒有任何事物比得上披頭四」。

這不完全是壞事，也可說是「非常深入地看待一件事」；但無疑地，也是一種相當狹隘、偏頗的看法，所以這些人口中的「很厲害」，也缺少說服力。

我們周遭充滿了無法量化的現象，如果要使這些現象呈現最佳狀態，除了從多種角度及面向來評估衡量之外，也要具備辨別、設定什麼是「普通」的能力。

對於這些無法量化的現象，如果我們了解越多評估方法，品味就會變得越好；如果自己認知的「普通」基準，越接近多數人心目中的「普通」，要進行最佳化作業時，或許就會變得越容易。

只要用「普通」這把尺來評估各個年齡層，就能製造出各個年齡層所需要的東西，無論製作者是男性或女性，都能製造出異性喜歡的事物。

了解什麼是普通，就代表擁有更多可能性，可以製作出各種事物。

孩子們天生懂得展現「品味」

人們對品味之所以會產生誤解，認為它難以捉摸，且只有少數出類拔萃、與眾不同的人才能擁有，或許就是因為大家想到品味時，往往會聯想到與美術、藝術或設計相關的事物。

其實多數人在童年時期都曾接觸過美術或藝術。

而且也沒有限定要生長在藝術世家，或是父母對此特別有興趣，才有機會接觸。著色、畫畫、帶動唱、跳舞或唱歌等活動，就是多數人與藝術的接點。在學習所謂的學科之前，我們都在不知不覺中通過了藝術的大門。

畫畫、唱歌、跳舞活動身體。

這三件事都是人類最原始的生理活動，對應到現代的教育就是美術、音樂及體育三種科目。

有些人不擅長體育但喜歡美術，或是討厭體育跟美術卻喜愛音樂，因為實際動手的過程總是充滿樂趣，所以幾乎沒有人三項都不喜歡。

尤其以美術來說，小時候應該沒有人討厭吧？在托兒所或幼稚園碰到要畫畫的時候，所有小朋友都好開心——握著蠟筆，非常投入地畫著自由自在的線條。

然而，樂在其中、天真唱歌或繪畫的孩子，過不了多久就會被迫接受殘酷的評比。

「畫得很好、畫得很糟……」

「唱得很好、根本是音癡……」

用數字無法衡量或肉眼無法看見的標準，評斷「某某小朋友的圖畫真難看。」「他是音痴吧？」或者嘲笑他人「沒有韻律感、舞跳得很爛……」、「運動白痴」等等。有時候這些理由還會導致幼稚的霸凌，無預警地就讓人跌入「不會畫圖、不會唱歌、舞跳得很爛」的谷底。

然而，技術性表現的好壞與美感品味的優劣卻無法畫上等號。例如長期培養優秀畫家的畫商，通常都擁有非常優異的審美品味，即使他們不會畫畫，也絕非沒有品味的人。

有音樂品味的人，也未必就擁有動人的歌喉。許多作曲家或演奏者並不會唱歌，某些音樂製作人可能不會唱歌、不會作曲，更不會演奏樂器，但卻能聽出歌曲的好壞──而他們都是擁有音樂品味的人。

牽涉到身體能力時，狀況或許多少有些不同，但既然有跑不快的舞者，也會有舞跳得很糟的田徑選手。許多人即使不擅長運動，卻依然對肢體的活動充滿品味。

若只是以技術性表現來衡量藝術或運動的品味，就會讓人產生誤解，堅信「品味跟自己的距離非常遙遠」、「自己與藝術無緣」、「品味是與生俱來的」……。

隨著年齡的增長，這樣的傾向會越來越強烈。

我甚至認為，整個社會環境都已經變成了除非是相當有才華的人，否則不能夠聲稱「我喜歡畫畫、我喜歡唱歌」。

「只有幼稚的人才會說喜歡畫畫、喜歡唱歌。」

如果小學生或中學生這麼想，可能是某種想要擺脫幼兒性格或孩子氣的成長表現，並不完全是壞事。不過要是弄錯了「成熟大人」的定義，很可能就會朝向錯誤的方向發展。

單純地享受美術或音樂的樂趣，看起來或許有些孩子氣，但認為長大之後就不需要美術或音樂，卻是大錯特錯。

這件事情的重要性，常常被另一個更大的聲音所淹沒——有許多比藝術更重要的東西——而這正是問題所在。

那個聲音大概會這麼說：

「國語或數學不加強不行！英文也很重要！公民道德也要學……這些對將來才有幫助。」

在與這麼多「該學的東西」競爭的過程中，畫畫、唱歌的優先順位只會不斷往後移。

說得更極端一些，只因為「不是考試科目」，這些包含術科的科目就經常被當成興趣，變得可有可無，也因為「對將來沒有幫助」而遭到排擠。這就是多數人在成長過程中的經歷——與藝術訣別。

漸漸地，藝術成了遙不可及、與自己無緣的事物，與藝術相關的品味則成了「特殊人士的才華」。

但事實上，每個人都有自己的「特殊才華」，小時候也都懂得自由發揮……。

這樣的現象，真的令我覺得非常遺憾。

美術教育妨礙了「品味」的培養

美術課、體育課和音樂課，對每個人來說都是非常珍貴的時光，卻常因為「對將來沒有幫助」的觀念而逐漸遭到忽略，實在令人遺憾。

然而，我認為這些科目的教授方法本身也存在不少問題，身為一名創意總監，更是覺得「現行的美術教學方式非常可惜」。

小學有美勞課，多數中學也有美術課。

但有多少人會將美術視為一種「學問」呢？無論老師或學生，恐怕都抱持著「藝術科目不是學問」的認知吧，證據就是課堂上幾乎把時間全部花在技術訓練。

然而，美術確實是一門不折不扣的學問，至少可以分成兩個部分——

一個部分是累積藝術或美術相關知識的「學科」。

另一個部分則是繪畫、工藝創作等「術科」。

如果將這兩者混淆，過於重視術科，就會產生「美術不是學問」的誤解。

我們最初接觸美術的經驗，常常是在沒有事先練習或不具相關知識的情況下，劈頭就被要求學習技術表現，卻忽略了美術也是一項學科的事實。美術的歷史、美術的觀點、各種技法如何演進等等，如果在訓練技巧的同時，也能學習這些知識，那麼美術課就不會只注重圖畫得好不好，而能成為培養品味的土壤。

或許有人認為「美術的知識跟技術表現根本沒有關係」，但我卻認為學問才能幫助我們建立整體概念。就拿經濟學的例子來說，卡爾・馬克思（Karl Marx）個人的歷史與經濟本身並不相干，卻不會有人懷疑了解這些旁支知識的重要性。

美術這門學問也一樣。梵谷是哪一國人？他的生平如何？他有什麼樣的思想？他是在什麼樣的時代背景下畫出那樣的作品？……我認為這些知識都有學習價值，而對於美術的感受、想法、表達方式也可能因此有所不同。

我絕對不贊成光以技術的好壞，作為美術這門學科的評分標準。

美術的術科確實不像數學可以用對錯來評分。美術不會有「一加一等於二」的絕對答案，更與有著正確筆順與造字規則的漢字不同，當然也和歷史中有「一六〇〇年發生關原之戰」之類的明確答案不一樣。

然而，世上多得是無法明確回答出「就是這個」的學問，像經濟學、管理學或哲學。美術的性質基本上類似於這些學科，就我自己的理解，應該說是非常接近這些學科。

「對於這幅畫的背景，有多少認識？」

「為什麼會產生這樣的作品？能夠放在比較大的脈絡架構中來說明嗎？」

如果能用這樣的判斷基礎來打美術成績，對於品味的培養一定有所助益。

我們學習歷史的時候，並不會只學「德川家康在哪一年做了什麼事」的事實，還會對事實的切入點產生好奇，例如「因為德川家康有這種個性，所以才會這麼做。」學習過人和行為有關的內容，才會進一步產生「所以我也該怎麼做」這類對人生有益的啟發。

學習美術不該也是同樣的道理嗎？

例如畫畫的時候。

使用複數色彩時，最需要留意的就是相鄰區塊的配色。相關內容就收錄在美術教科書的角落，不知大家是否記得將各種顏色排成一圈的「色相環」？適合同時使用的色彩，就是在色相環中相對位置的「互補色」或是「同色系」，兩者都能讓畫面看起來很漂亮。若想對色彩搭配屬性有更詳盡的了解，也推薦書店中常見的色票書籍。

拋開個人成見，仔細觀察也很重要。好比畫一棵樹，多數小孩子都會先畫粗壯的樹幹，然後在左右兩側依序長出枝葉；但可能很少人知道，植物的枝葉其實大多是呈螺旋狀生長。

畫大象的時候常用灰色、鱷魚常用綠色、長頸鹿常用黃色跟黑色……。但真正的大象和鱷魚其實比較接近褐色，至於長頸鹿則是褐色跟米色——事實上，根本沒有黃色的長頸鹿。

光是學會這些小訣竅或知識，就能輕鬆畫出所謂「好看」且「有品味」的圖畫。

觀賞美術作品也是一樣。

小便斗上的畫家署名，雖然看起來像惡作劇，不過只要了解「這是法國藝術家杜象（Marcel Duchamp）所提倡的『現成物』（Ready-made）形式，是對藝術的反諷」，立刻就會覺得這件作品生動了起來。當觀看的視角越多元，品味就會變得越好。

如果說歷史是為了「在學習知識之後，提供基準，以了解身處現代的自己該怎麼行動的課程」；那麼**美術就是「在學習知識之後，提供基準，以了解自己該如何創作、如何生產、如何表現的課程」**。

就像大家不會用技術的好壞來評斷歷史，美術也不應該有這樣的分別。

「學習知識是為了能夠運用」，若從這個角度來看，美術與其他學問並無區別，所有人也都能因為學習美術知識而有所成長。

一旦缺乏美術知識，就很容易對美感品味或美學產生自卑情結，連挑選衣服、住處、裝潢、隨身物品及生活雜貨時，都會缺乏自信。雖然這些都是生活中的瑣碎小事，卻也會因此對「品味」一詞感到越來越害怕。

每當要從頭開始創作時，就會處於「沒有自信」的狀態，不僅是從零開始，更像是從負數開始。但只要學習美術知識，就能避免這樣的情況；換句話說，即使長大成人，也該為了自己，多學一些美術的知識。

Part 2

這是「好品味」被視爲必備技能的時代

品味好壞攸關個人及企業存亡的時代

有些人認為「品味跟自己沒什麼關係」。反正自己既不是創意總監也不是設計師，從事的工作似乎也不會受到品味好壞的影響，平時講到品味，大概只有挑選衣服的場合吧……。

我認為這完全是錯誤的想法。

我並不覺得有任何一項工作不需要品味。就算真的不需要，身為一名商務人士，品味好的人一定也比品味差的人占有優勢。

就像前面提過的，品味是使無法量化的現象呈現最佳狀態的能力，是每個人天生都擁有的能力。

若以水作比喻，品味就像是每個人原本都擁有的水。

有些人會去思考如何在最適當的時刻端出最適當的水，用理想的方式呈現。比方說，炎炎夏日，就在冰涼的水中加入幾滴檸檬汁，冬天則沖泡一入口就讓身心溫暖的熱茶。

有些人則從來不在意這些，永遠端出同樣的水。比方說，三百六十五天都是涼掉了、喝起來不太新鮮的水。

前者就是品味好的人，後者就是品味差的人。相較之下，誰會受到歡迎，就是一目了然。

再接著以水當例子來思考品味。

在高度經濟成長期，水本身就具有一定的價值，只要能大量且迅速地端出水來，不會有人在乎品質，當然也不在乎口味或呈現方式——換句話說，這是「量勝於質」的時代。

然而，到了高度經濟成長期的後期，大家開始追求水的品質及安全性，使得各項技術開始發展。精緻的水、乾淨的水、鹼性電解質水紛紛誕生，進入了「重質不重量」、「以技術提升品質」的時代。

但是技術的改良，最後仍會到達極限，隨著各個企業或國家的技術能力逐漸提升，「優質的水」就成了基本要件。一旦優質的水變得理所當然，就不會產生附加價值與利潤，最後就會演變成技術難以突破、企業也難以成長的大環境。

日本實在非常幸運，安然度過了泡沫經濟崩壞後的金融危機，緊接著又有ＩＴ革命的刺激，讓社會經濟得以重生，但卻即將遭遇瓶頸。

過去日本憑藉著技術能力，發展重心偏向製造生產，結果就像抱著漸漸賣不出去的「優質水」，苦無銷售對象。

全世界都陷入類似的困境，但還是有人能夠不斷端出最新款的「水」，那就是過去由賈伯斯（Steve Jobs）領導的蘋果公司。無論從功能、外觀或其他各個面向來看，這家公司的產品都具體展現了品味；讓電腦的製造不只仰賴技術，也結合精湛的美感與品味。

未來，各種技術能力還是可能大幅成長，但我卻覺得近期內會出現一段停滯期。也正因為如此，才更需要好的品味。

將企業價值最大化的有效方法之一，就是品味。更重要的是，品味也關係到企業的存續。

就個人而言也是如此，即便是同等能力的商務人士，也會因為品味的差異而產生差距。

時代需要「下一個利休」

「日本的技術能力。」

「製造大國，日本。」

進入高度經濟成長期之後，這樣的說法流行了好一陣子。明治維新以降，「現代化就等同於西化」的觀念普及，深深影響了後來的商品製造。比起發揮創意，日本更努力朝向與西方「並駕齊驅」。為了走出第二次世界大戰的挫敗，採用的重振手段，就是迅速製造大量廉價商品。

隨著高度經濟成長期的到來，生產力上了軌道，便開始鍛鍊技術能力，提升產品品質，不再製造廉價的次級品，而是改為生產講究便利性且充滿巧思的高性能商品。

日本的技術能力，是讓這個國家在戰後短短二十年內，躍升為全球經濟大國的原動力。然而，這樣的優點卻演變成對製造的過度自信，萌發「崇尚製造」的問題。

甚至出現了這樣的誤解：只要向製造之神祈求，商品就會暢銷；只要製造出方便、便宜、高性能的商品，消費者就願意購買。

這種信仰從一九七〇年代開始，一直持續到二〇〇〇年代左右，直到現在仍深植人心。但實際情況卻是，只仰賴掌握技術的「製造之神」，並不見得會讓商品暢銷。即使知道這個道理，多數企業或商務人士卻都一籌莫展——設計？美感的品味？不懂耶。

可是，日本原本並非光靠技術而缺乏品味的國家，**至少在江戶時代之前，可稱得上是歷經千錘百鍊而形成獨特美感的「品味大國」**。

例如，確立茶道文化的千利休活躍的安土桃山時代（西元一五七三至一六〇三年），就是品味與美感大鳴大放的時代。

在我的眼中，安土桃山時代跟現代非常相似，同樣是從重視技術轉向重視品味的時代。

利休出生於一五二二年的戰國時代，當時各國大名蜂起，為了一統天下，長年爭戰不休。

一五四三年，槍炮由國外傳入日本，這種能在遠距離輕易奪取人命的兵器，改變了過去使用矛、刀、弓或以人力推動大石等傳統作戰方式，可說是一種技術革命。權力於是往織田信長，亦即取得這項嶄新技術的人身上集中。

信長雖然在桶狹間之戰阻擋了駿河今川氏的侵略，卻在一五八二年的本能寺之變喪生，之後由豐臣秀吉掌握了霸權。換言之，相較之前群雄割據，安土桃山時代實際上是由一人所統治；也因此，從這時候開始到江戶時代，社會趨於穩定，日本之美也開始大放異彩。

千利休在安土桃山時代的角色，就類似現代的創意總監。當時流行的美學觀普遍愛好重裝飾的「唐物」；他卻反其道而行，推崇簡樸的茶具，建立「侘茶」的概念。他服侍過信長，也受到秀吉的重用，包括前田利家等大名都是他的弟子，甚至被尊稱為「茶聖」。

但最後，利休還是逃不過被秀吉賜死的悲慘命運。理由眾說紛紜，唯一可以確定的是，他掌握了隨時可能招致殺身之禍的強大影響力，否則以秀吉如此強勢的掌權者，大可不必特地除掉一名茶師。利休之死，顯示了對秀吉而言，利休已是重要到非取其性命不可的存在。

為什麼利休如此重要呢？

據我的理解，主要是因為戰國時代那樣的技術時代已經結束，新時代需要的是品味。

築城技術或兵器鍛鑄這些因應軍事需求的技術，造成的影響並不限於戰爭層面。就像原本為了軍事目的而開發的GPS功能，現在也轉換形式，演變為智慧型手機的地圖應用程式等一般用途。軍事技術不斷演進，即使社會進入承平時期，對一般生活及文化也會產生連帶影響——裝飾品、建築都會跟著進化；器具也變得更精緻；民眾也有了品茶的閒情。

「來自中國的唐物真美！」

「不不不，南蠻的器物才好。」

「不對哦，那邊的工匠製作的器物更棒。」

社會的富裕讓選擇變得多元的同時，也出現不少「不知道該如何選擇」而感到苦惱的人。

「有沒有人可以告訴我，該怎麼挑選器物才能顯得有品味？」在這樣的社會氛圍下，利休當然就成了不可或缺的人物。

現代的日本正在經歷相同的現象——時代正在等待下一個利休。

當技術的發展到達極限，緊接而來就是品味的時代

就我的觀察，不管在哪個時代，每當技術發展到達極限時，社會上就會湧現懷舊復古的情緒，轉而追求美好的事物。

例如，當戰爭技術達到巔峰的戰國時代結束時，大名們便將心力投注於茶道與藝術。雖然有人認為這是因為全國統一、社會趨於穩定，才有閒情欣賞美的事物；或者單純只是掌權者想透過對美的追求，誇示自己的財富與力量……。

但我認為，這正代表著「從技術到品味的回歸」。在戰國時代，技術能力發展到達極限，至安土桃山時期才又回歸品味時代——其中當然包含了某種懷舊情緒。

只要觀察歷史就會發現，當技術急速發展之後，隨之而來的便是品味時代；一段時間之後，又會回到技術時代，呈現出一種「循環」的狀態。

舉例來說，利休身處的時代，恰巧與義大利文藝復興發展到顛峰的時代重疊。文藝復興的原意是復興、重生，是一連串為了重拾希臘羅馬時代品味的「復古」文化運動。

奇妙的是，歐洲也是在火藥、羅盤、印刷術等技術水準有了全球性的突破發展之後，文藝復興運動才開始盛行——這不也說明了「從技術到品味的回歸」嗎？

隨著時序的遷移，同樣的現象又在現代上演。

十八世紀中葉工業革命在英國興起，為全世界帶來了戲劇性的轉變。製造生產的過程中引進了工業概念，機械化的發展使大量生產變得可能，跟過去由工匠手工製造的年代相比，生產量簡直天差地遠，而蒸汽火車這種前所未有的交通工具也在此時出現。

這些卓越的技術發展，雖然帶動了社會進步，卻也帶來廉價劣質品充斥市面的負面影響。對此，是詩人也是設計師的威廉・莫里斯（William Morris）提出了抗議，至今我們仍可在美麗的壁紙或印刷品上看到他的設計所帶來的影響。

莫里斯出生於一八三四年，他提倡「不要使用工廠大量生產的商品，回歸手工製造，讓藝術品進入生活之中」。他打造出各式各樣充滿品味的商品，引發了「美術工藝運動」。這場由莫里斯掀起的「品味革命」，扭轉了社會的潮流，使生產回歸到流行手工復古的品味時代。

當然，歐洲也有許多充滿傳統風格、經過精心裝飾、如藝術品般的日常用品，但多半僅限於王宮貴族或富豪才能擁有——就像今日我們欣賞的許多名畫，作畫的目的幾乎都是為了當時的特權階級或教會。

當時一般大眾的日常用品多半以功能為優先，在手工製造時期或許會不經意流露出工匠的個性；但改成由工廠機械製造之後，人們便不再注重品味與設計了——「能大量製造耐用且便利的物品」的技術，成了優先考量。

然而，技術能力終究會達到極限，雖然會持續進步，但發展到頂峰之後勢必開始趨緩停滯。當大量生產變得理所當然，人們的觀念也會跟著改變，引發所謂

「從技術到品味的回歸」。

隨著美術工藝運動的發展，藝術也出現「美術」與「設計」的區別。**對於工藝品、民藝品這些為了大眾製造的「物品」，人們也開始追求美感，而這樣的改變也進一步影響了現代的設計概念。**

隨著美術工藝運動擴散到世界各地，日本在一九二六年也出現了從日用品中發掘美感的民藝運動。

再將場景拉回當代。

由於ＩＴ革命，人類再次完成了前所未有的進化。就像工業革命一樣，這是讓全人類大進化的資訊革命。如果我的假設正確，當資訊革命帶來的技術發展到達巔峰之後，人類將再次進入品味時代。

「不用付費就可以與世界各地的人聯絡，實在太棒了！」當出現這樣的說法時，也等於宣告了技術時代的終結，發展會慢慢停滯。該如何享受這樣的技術？

答案是，只能追求更精緻的細節、文化與美感。

另外，這也是我個人的觀點，「美」的情感基本上根源於過去而非未來，懷舊的感覺才會使人著迷。

技術與品味、功能與裝飾、未來與過去。

人們似乎總在這相對應的時代間來來去去。

整個市場正在朝向品味移動，有品味的企業會開始成長，社會上也會更需要有品味的人。

新事物的傳播曠日廢時

創造新事物時必須具備長遠的眼光，因為即使最後能夠成功，過程中也需要花費許多時間。

「我的品味很好，只要靈感一來，做出來的東西立刻就能大紅大紫。」這種像童話般的事情根本不存在。

人不可能瞬間改變，實例不勝枚舉。最簡單的例子，光是從傳統手機轉換成智慧型手機就花了好幾年，到現在還是有很多人使用傳統手機。

第一代 iPhone 在二〇〇七年上市，當時是針對美國國內使用所研發的機種，使用者只有少數走在時代尖端的創新者（innovators）。

隔年，二〇〇八年，iPhone 3G 開始在全球（包含日本）銷售。雖然掀起熱烈討論，但在這個階段開始使用的人，還是侷限於對潮流敏銳、喜歡新事物的第二波使用者——即早期採用者（early adopters）。第三波的使用者為早期大眾（early majority），這些比較喜歡嘗鮮的多數人，之後才開始接受智慧型手機。二〇〇九年六月，iPhone 3Gs 隨之面市。

iPhone 4 在二〇一〇年推出，這時除了 iPhone 之外，其他廠牌也紛紛推出智慧型手機，智慧型手機的普及率立刻大幅攀升。

二〇一一年 iPhone 4s、二〇一二年 iPhone 5、二〇一三年是 iPhone 5s、iPhone 5c……。這個階段才改用智慧型手機的人，大多是因為「大家都在用，我也想用」，或是「既然大家都用了，自己用應該不會有問題」——這些人屬於晚期大眾（late majority），是反應稍慢、但會跟隨潮流的多數派。

當我在二〇一四年撰寫本文的時候，iPhone 問世已有七年左右，雖然人人都知道智慧型手機，但根據二〇一三年六月的調查，智慧型手機在日本的普及率只有四九．八％（資料來源：IDC Japan），不到手機使用者的一半。

未來應該還有少數的晚期大眾會陸續從傳統手機改用智慧型手機，但仍有一部分被稱為「落後者」（laggards）的保守人士，無論智慧型手機多麼流行，也絕不更換。

我的母親就是其中一人，這輩子她恐怕都會堅持使用傳統手機。落後者對現況感到滿足，「已經習慣了傳統手機，也沒什麼不方便」；他們對智慧型手機的功能完全沒有興趣，當然更不會想去試用了。

這裡舉智慧型手機當例子，稍微複習了「大家都很熟悉的行銷用語」，目的是想讓各位了解：**新商品必須花費很長時間才能普及、讓一般大眾採用**。

如果有個企業表示「某產品銷售需要五年的時間，暢銷需要訂立十年的計畫」，那麼即使開發出古怪的商品，最終也可能成功熱賣。哪怕一開始賣得不好、利潤微薄，只要企業本身擁有持續銷售的信念和韌性，願意投入時間，就有機會催生出暢銷商品。

最具代表性的例子是大塚製藥的「寶礦力水得」。現在二十幾歲的人都知道：

「有脫水現象要喝寶礦力水得」，因為從小就被教導「感冒要喝寶礦力水得」。

不過，如果像我這樣在一九七二年出生的人，八〇年代看到寶礦力水得推出時，都曾覺得它是「莫名其妙的飲料」。從消費者的角度來看，它既不是果汁也不是茶，是從未見過的商品；從同業的角度來看，或許覺得這是破釜沉舟的「大膽企劃」吧。

根據大塚製藥官方網站的資料，寶礦力水得在一九八七年累積銷量達到三十億瓶、一九九三年達到一百億瓶、一九九八年達到兩百億瓶，這個數據顯示了寶礦力水得也是經過漫長的歲月，才成為眾所周知的國民飲料。二〇〇八年的累銷量成長到三百億瓶，理由並非「讓人眼睛一亮的嶄新創意」，而是大塚製藥的信念與韌性——「在賣起來之前，要堅持下去」，才能孕育出這項超級暢銷商品；不過也有部分或許要歸因於大塚製藥是家族企業。

若換成一般企業，只要看到上市幾個月後的銷售數字不如預期，就會迅速撤退。尤其近期的飲料銷售，以徹底進行數字管理的超商銷售動向特別受到矚目。

理由是可以立即掌握上市後的銷售狀況，也因為重視這樣的速度，幾乎沒有企業能為了賣不好的商品堅持幾年或幾十年。

起步緩慢的寶礦力水得，最後成為超級暢銷商品，其實是非常特殊的例子。部分原因是大塚製藥有藥局等特殊通路作為有力的後盾。假設在所有新商品的企劃中，所謂「新奇的暢銷企劃」占了二%，那麼這些商品暢銷的真正原因，應該超過九〇%都是因為企業的努力及韌性。

換句話說，「新奇的暢銷企劃」只有二%，其中九成又都是因為企業努力而暢銷，那麼光憑嶄新的創意與靈感而暢銷的商品，可能不到〇・二%。這樣看來，創意或靈感似乎也沒那麼重要呢。

日本企業的商品為何缺乏品味？

在家電或汽車業界，日本廠商在銷售規模或技術能力等方面，都堪稱世界最高水準。

然而，這句話必須加個但書——「高水準的部分，也僅限於技術能力跟商品完成度」，整體而言仍稍嫌不足。以現況來說，跟其他國家廠商的差異不但不大，甚至還有被超前的趨勢，而造成這種現象的原因就在於品味。

前面提到的智慧型手機就是非常明顯的例子。

二〇〇八年七月，當蘋果公司的 iPhone 在日本上市之後，理論上已經發展到極致的日本傳統手機逐漸式微，各個廠牌紛紛投入智慧型手機的製造。

不過，當日本最大的電信業者 NTT docomo 在二〇一三年宣告與蘋果公司結盟之後，卻有多家廠商開始退出智慧型手機的業務。理由是「過去是因為沒有

iPhone這個選項，才有機會跟docomo合作，如果要跟iPhone競爭，實在毫無勝算」。

所謂「比不上iPhone」，不單指技術層面的差異，品味的問題才是癥結所在。不論是簡約設計或是使用者介面的「舒適的律動」，都是如此——在創意層面徹底敗北。

日本的製造商並非做不出令人感到舒適的使用者介面，反而還擁有許多相關技術。

真正欠缺的，其實是「想要『徹底』滿足使用者」的品味。**多數日本企業，無論是生產部門或經營團隊，「創意品味」都有待加強。**

不管是食品或化妝品，絕大多數日本企業在開發新商品時，都會從市場調查開始，而這正是問題所在——**讓日本企業失去競爭力的原因，就是太過依賴以市場調查為主的行銷策略。**

一般的市場調查做法，會先找一群目標對象，組成六個人左右的小組來進行調查。

「請從A、B、C中挑選出你覺得最理想的商品尺寸。」

將幾個樣品並排，讓受訪者取用、觸摸，得到的回答只是受訪者的喜好。這些人都是消費者，不是開發者，當然沒辦法將樣品與其他既有商品進行比較，並加以評論。

這樣的市場調查形式有兩個陷阱。

一是很容易選出標新立異的東西。

當調查對象置身在一個不得不做出選擇的「特殊狀況」下，通常不會選擇在日常生活中自己真正會使用的東西，反倒會故意逞強，挑選怪異或搶眼的商品。

另一個陷阱是經常會抹煞了新的可能性。

事實上，幾乎沒有人會喜歡自己從未看過、從未聽過，或從未接觸過的東西。

如果 iPod 在上市前進行市場調查，說不定會出現類似「怎麼沒有播放跟倒帶鍵」的抱怨。多數人不會想要從一〇〇跳到二〇〇的新東西，反而是看到一〇〇變成一〇一、了不起變成一一〇時，才會覺得「好特別、好新鮮、好想要！」

然而，這會阻礙新價值的產生。從一〇〇變成一〇一，實在稱不上什麼了不起的進步，如果以這種速度成長，根本追不上賈伯斯在世時的蘋果公司。

可是日本企業依然堅持「先徹底執行市場調查」的陳舊作風，彷彿是刻意努力不去創造新的東西。

團體訪談多半是委託市場調查公司，製造商代表會透過雙面鏡觀察隔壁房間的狀況。我也曾經陪同參加，而且很直接地告訴廠商：「這種作業沒什麼意義吧！」

結果，廠商這樣回答：「不不不，市場調查對商品開發來說，就像一種儀式……」

難道只有我認為沒有必要嗎？

只有一種市場調查方式，我覺得不妨試試，就是要求調查對象在一秒內選出想要哪種商品。這是完全訴諸直覺的作業，不會參雜任何理性思考；換句話說，這樣的調查條件設定，跟我們平常在店裡挑選商品、接觸商品的感覺完全相同。

比如在空無一物的房間內，放入新商品的A、B、C款包裝，讓調查對象在進入房間一秒內做出選擇，每次只限一人進入，選定後立刻離開。而且不是以十個人為單位，是以一百人、一千人的規模進行。如果能完成這樣的調查，結果或多或少可以提供參考。

日本企業需要創意總監

已故的賈伯斯，不但是經營者，也是創意總監。他不重視市場調查，而是長期致力於製造自己真正想要、也是他認為「大家真正想要」的東西，他的能力正是蘋果成功的關鍵。

日本一定也有類似賈伯斯的人才，但過度依賴市場調查的體制，卻可能讓擁有類似能力的人才無法獲得重用。雖然有種說法認為，市場調查是用以說服公司內部的工具——我不知道這種說法的真偽，但從人才培育的角度來看，依賴市場調查確實是一種危險的行為。

理由有兩個。

第一、只依賴調查，就不會自行思考什麼才是好的、什麼才是真正想做的東西。

這種想依賴外力的態度，只會降低大腦的創造力。

第二、如果「以調查結果做決定」，會讓責任歸屬變得曖昧不明。

日本企業原本就偏重集體決策，如果還採用這樣的做法，就更缺乏「要是這個新商品不行，可能被炒魷魚」的壓力。少了壓力，想要開發「更好、更有趣」商品的企圖心，很可能就會跟著消失殆盡。

一旦沒有了積極向上的企圖心，優質的商品就更加遙不可及了。

「經營者的品味」代表企業的根本

我曾經和形形色色的公司合作開發新商品，但一般大企業多半很重視市場調查——這並不是在詆毀大企業，而是討論基於資本主義原理的現象——特別是上市公司，因為企業價值必須倚靠股東的支持，所以不太能容許讓股價暴跌的重大失誤。關於這一點，如果是像大塚製藥這般，自成立後到二〇一〇年十二月以前，長期堅持不上市的企業，可能只要有自身的支持就可以實現自我的價值。

話說回來，如果以企業的品味來評估企業的根本，上市與否應該沒有太大的差別。例如整體企業集團長期堅持不上市的三得利（Suntory）集團，子公司三得利食品雖然在二〇一三年股票上市，企業的根本並未因此改變。但凡一家企業能繼承並延續創業者或經營者的品味、哲學或原則，應該就能自行創造出自我的價值。像資生堂這樣重視自身品味，不以「暢銷就好」為主要考量的企業，也是經營者的品味轉化為企業根本的實例。

這個時代的特徵，就是企業的美學與品味可以反映出企業的價值。

時代的需求正在改變，過去的高度經濟成長期，企業需要的是認真投入的工作態度，其中的代表就是Panasonic的松下幸之助先生，只要讀過他任何一本著作，就能感受到他對認真、勤勉、倫理觀與道德感的重視。這些特質都很重要，他也是一名值得尊敬的經營者，只可惜在他的作品中，並未提到品味與美感。

高效且勤奮地工作，對現今的企業組織而言，仍是相當重要的特質；但是邁入新的時代之後，光是這樣仍嫌不足。特別是在意識到品味的重要性之後，很多經營者往往手足無措，不知該怎麼做才好，導致底下的員工也跟著迷失方向，這或許才是多數企業的真實情況。

創意總監是企業的醫生

人在健康或氣勢正盛之時，就算身體有些微疼痛，也可以繼續跑下去，因為在跑步時可能根本不會注意到疼痛；不過，要是身體一不舒服，就連一點小狀況也令人在意。不僅如此，有時還會因為身體不舒服導致牙痛，牙痛又影響腸胃的狀況……演變成一連串讓身體越來越差的惡性循環。

企業的狀況也是一樣。

現今的時代中，幾乎所有企業不是在生病，就是被一種「是不是生病了？」的恐懼束縛，而變得越來越封閉，漸漸跟不上大環境的變化。不僅跑不動，連走路的速度也越來越慢。

我認為，要突破這種封閉感的關鍵就是品味。**若能提升品味，孕育出企業獨特的美學，就能轉換成突破時所需的巨大能量。**

而像我這樣的創意總監所扮演的角色，就好比是利用品味來治療企業的醫生。

廣告公司裡的創意總監，通常指的是廣告製作團隊中的領導人物，但我所定義的範圍要更廣一些，創意總監的工作是以品味提升企業價值。品味的力量除了運用在商品開發之外，還包括名片、辦公室裝潢、辦公桌等企業內部環境的設計，如果有制服的話，員工制服也包含在內，有時甚至連社長領帶的顏色也要納入整體考量，並且加以落實。這些都是創意總監的任務，某次對談中，佐藤可士和先生也提出了相同的看法。

企業的「思考」是無法量化的現象，就某種意義上來說，擁有足夠的品味、做出的判斷有助於經營的創意總監，其實是鳳毛鱗角。「沒這回事，優秀的設計師很多呀！」或許有人對此有些意見。不過，我的論點是，設計師也是一種職人，主要的功能是以具有美感的方式再現客戶的要求，好比客戶說「這裡要做成圓的比較好」，設計師就要設計出最棒、最美的圓。

「圓的真的比較好嗎？方的怎麼樣？」能夠提出新的方案，擁有共同思考企業經營策略的能力，才是我心中理想的創意總監。

每個人都有成為創意總監的潛力。不怕失敗，可以在垂直的組織中做橫向連結的人，就是創意總監，通常有三種類型。

第一種類型，是由經營者或經營團隊成員擔任創意總監。賈伯斯就屬此一類型。

第二種類型，是由公司外部人員擔任創意總監。我跟佐藤可士和先生就是這一類。

第三種類型，是在公司中成立特別的部門，讓該部門的成員擔任創意總監的角色。三星（Samsung）就屬於這一類，擁有強大設計部門的資生堂也是這一類。

雖然是少數，有時一般員工也能成為創意總監。例如公司內部的小團隊中，團隊的領導人有時也可能是個非常有創意的人。

無論是採用公司內部或外部人員，只要企業中有創意總監的角色，就有慢慢消除封閉感的可能性。

無論從事什麼工作都需要品味

前幾天，五歲的兒子做了「臭蟲麵包」。

喜歡做麵包的奶奶經常會邀請他一起動手，以往他做的都是動物造型或鹹蛋超人造型的麵包，雖然外型有些瑕疵，但總是令人會心一笑。

不過最近兒子迷上昆蟲，竟然就做出了臭蟲麵包，樣子不僅維妙維肖，簡直就像是真的臭蟲，卻因此出現反效果，沒有人想把它吃下肚。

看著他用手機傳給我的照片，再次深深體會：「在影響人們做判斷的因素當中，雖說視覺只占了一部分，但瞬間的視覺印象依然非常重要。」

商品是產出「物」，受到視覺的強烈影響。產出的形式，以辦公室的環境來說，就是室內設計、辦公桌的整潔、工作人員的服裝等等。如果所有的工作都是一種產出，就必須是有品味的產出。

假設你開了一間麵包店，製作麵包時只用最好的小麥、最好的水、最好的天然酵母、最好的窯，搭配最好的技術……。

但裝盛的器皿如果是樣式普通、隨處可見的大盤子呢？或是外型就算不像臭蟲麵包這麼誇張，看起來卻歪歪扭扭，讓人懷疑是隨便做做的呢？或者當客人購買時，只裝在薄薄的塑膠袋裡就交給客人呢？

這樣的麵包會賣得好嗎？客人真的會覺得好吃嗎？

同樣的道理，也可以套用在職場上。

整理會議資料、製作企劃書是多數商務人士每天都要面對的工作項目。但如果有人每次提出的資料都讓人看不懂，大家會把他視為工作能力很好的人嗎？

假設你隸屬於財務部門，製作資料時，應該有一套最適合的字型、圖表或整理方法。能夠精確地整理資料、讓重點一目了然的人，與另一位做不到這一點的人，哪位比較優秀就不言而喻了。辦公桌上的文件堆積如山，當有人請託：「我想看看某一年的帳務。」會計人員得花兩個小時才能找出來，這樣能獲得信任嗎？就算帳務內容沒有任何瑕疵，別人應該也不會覺得「他非常嚴謹，可以放心」。

由於品味無法量化，有些例子要找出最佳化的方法並不容易。例如，最近有一些外觀非常漂亮、潔淨，宛如咖啡店的拉麵店，無論裝潢或餐具都非常時髦。

如果是針對女性消費者，推出類似義大利麵的拉麵應該不錯；但如果想吸引喜愛正統拉麵的男性顧客，這樣的外觀是正確的選擇嗎？我個人可能就會產生湯頭偏甜的印象，不太想去光顧。

無論工作做得多好，製作出多麼便利的商品，只要無法控管視覺層面的品質，就無法打動人心。

視覺層面的掌控，與提升企業、人員和商品本身的品牌力息息相關，而能夠提高品牌力，讓商品呈現最佳樣貌的，就是好的品味。

提升品味時，需要的是可以察覺各種細節的嚴謹度，以及看見他人未見之處的觀察力。無論是學習、維持或提升品味，都需要不斷努力。

有行為能力的人應該都能做到，這並不困難。

只要在面對真正簡單的事物時，也有「這很重要」的認知，每天身體力行即可。持之以恆才是最困難的部分。

去做就會成功，不做就會失敗。下一章就要告訴大家，該如何培養品味。

Part 3　「品味」，從「知識」開始

無論從事什麼工作，「無知」都是有害的

既然已經知道品味是什麼，以及品味在這個時代的必要性，接下來就要進入正題——如何培養品味？

前面提過，「想要提升品味，最好先了解什麼是普通」，而要了解什麼是普通，其實只有一個方法，就是吸收知識。

品味來自知識的累積，這是我的看法。

想像一下寫作的情境。

一位只認識「あいうえお」五個假名的人，跟另一位「あ」到「ん」五十音都認識的人，哪一位能寫出通順的文章呢？哪一位能寫出讓人感動的文章呢？

有些人可能會想反駁：「只用あいうえお就能寫出一篇好文章的人，怎麼會

沒有品味？」的確，有人可能光用「あいうえお」就能寫出精采的句子；不過如果跟一個懂得五十音的人相比，孰優孰劣自然不在話下，也無庸置疑。

假設是一局定勝負的比試，只懂あいうえお的人或許還有獲勝的機會。但如果是多次比試，最後的勝利者肯定是懂五十音的人。不過話說回來，只靠あいうえお就能寫出好句子的人，語言能力的涵養自然不在話下，當然也不可能不認得五十音。

要寫出有品味的好文章，懂較多語彙的人相對而言較為有利，這是事實。

雖然我用寫作當例子，但在工作或生活中也是同樣的道理，相關的知識越豐富，發展的可能性就越多。

知識像紙張，品味像畫作。

紙張越大，自由作畫的空間也越大。

打掃馬路的清道夫，工作的價值是創造「乾淨的道路」，因此必須了解什麼是乾淨。

在便利商店工作的人，工作的價值是提供顧客「便利性」，因此必須了解什麼是便利。

乾淨的道路或便利性有多少價值？這些價值要怎麼維持？如果缺乏知識，就只能遵循工作手冊的指示了。

但是，創造多少價值，將決定獲得多少報酬，所有工作皆是如此。

別再等待靈感，去累積知識吧！

「要做與眾不同的東西」。

這種想法背後其實隱藏著很大的陷阱，不知道各位有沒有察覺？我在前言中也提過，構思企劃時，尤其是學生常說「我想提出別人沒有看過的企劃」，然後就期待著靈感會從天而降。

但我認為，累積「每個人都看過的東西」的知識，才是更重要的第一步。

其實到處都看得到「前所未見且令人驚訝的企劃」，這些「令人驚訝的企劃」可分為以下幾種。

最少見的，就是「前所未見、令人驚訝的爆紅企劃」，就我的印象來說，大概只占了二％。

第二少的，是「不怎麼令人驚訝，也不太暢銷的企劃」，大約只占一五％左右。

再者就是「不怎麼令人驚訝，卻很暢銷的企劃」，遠比想像中來得多，大概占了二〇％。

而最常見的，就是「令人驚訝卻完全不暢銷的企劃」，占剩下的六三％，超過一半以上。

換句話說，對「前所未見、令人驚訝的企劃」有憧憬的人，只看到二％「令人驚訝的爆紅企劃」，對六三％「令人驚訝的不暢銷企劃」卻視而不見。

先來看看為什麼有這麼多「令人驚訝卻不暢銷的企劃」吧。那是因為這些企劃的訴求幾乎都只針對核心目標族群，並未將其他社會大眾的需求納入考量。一旦認識到現實的嚴峻，就不難理解為何該把注意力轉向「不怎麼令人驚訝，卻很暢銷的企劃」了。

例如，iPhone 雖然被視為前所未見的商品，但也是延續固定電話、行動電話的發展軌跡。而 AKB48 則是沿襲小貓俱樂部、早安少女組的脈絡。就連網際網路也是從信差、郵務、電報、電傳交換、傳真等演變至今的一種通訊方式。

換句話說，從各種現存的事物中累積知識，是開發新的暢銷商品時，不可或缺的一環。

第一步要做的，是增加知識量。當經驗——或者說「不令人驚訝的事物」的知識——累積得越多，創意的土壤就會越豐富，才有機會更進一步做出令人驚訝的產出。

舉個例子來說，就像是要展開一場令人興奮的冒險之旅的話，應該沒有人會在決定目的地時，一味乾等老天降下「往南走吧」之類的啟發，反而多半都是基於某些知識，例如「歐亞大陸有一處鮮為人知的祕境」等等，才會決定「去尼泊爾好了」。即便所有人多少都從電視或雜誌看過尼泊爾的介紹，也不會因此妨礙他們去享受一趟新奇的旅程。

當然，我的意思並不是要大家「去做不會令人驚訝的內容」，也不是指「帶來創新的靈感根本不存在，放棄吧」。

而是指在決定方向之後，應該把令人驚訝的內容，作為修正調整的目標，最後的產出也應該既新穎又兼具美感與精準度。**不過我想強調的是，在產出的前置階段，以知識為基礎來決定方向才是關鍵。**

創新是知識與知識相乘

創新並不是從零開始。

我在《點子接著劑》中也提過，創新原本的意思是「從1到2」、「A加上B之後變成C」。

亦即在既有的A，加上自己知道的B，最後創造出C。越是優秀的創意人，就越能成功地創造出暢銷商品。

了解A，就能發展出A′。A的知識加上B的知識，就能激發不同的想法，亦即「原本不相干的兩樣東西相乘會帶來什麼樣的結果」，進而創造出C。為了產生更多相乘的結果，盡量累積D、E、F……的知識就顯得非常重要。

「不令人驚訝的創新」其實就是所謂的A′，如果一下子就飛躍到X，很多時候根本無法符合市場需求。

我認為，暢銷的線索通常隱藏在「哦！」的領會，而非「啊！」的驚訝中。

對習慣使用文字處理機和固定電話的人來說，看到行動電話和電腦多半會生出「哦！」的領會。但如果把行動電話拿給一個江戶時代的人，會出現「啊！」的反應嗎？恐怕他的反應不是「啊！」，而是更接近困惑的「咦？」，當然也不會產生想要擁有的欲望。

「這有什麼好？它什麼都辦得到？可是裡面又不會掉出小判金幣來？唉呀！我才不要呢！」對方可能會這麼說。

假如我跟他解釋：「利用這支電話，你就可以隨時跟遠方的人交談，使用時只要先……」。說不定還會被江戶時代的人拒絕：「不用啦，有狼煙就夠了。而且這個還要一直帶著，我才不要咧。」

驚訝的背後，其實隱藏著恐懼。

假設被問到：「明天一起去火星吧！」有多少人會立刻回答「我要去！我要去！」？

如果是問幾個月之後，回答「我要去」的人可能會稍微多一點，但如果是明天就另當別論了——就算沒有其他安排，也會稍微猶豫一下。

真的很安全嗎？我想再確認一下。三餐應該是吃太空食物吧？會有哪些東西呢？上廁所怎麼辦？日常盥洗呢？如果是從甘迺迪太空中心出發，英文不好會不會有問題？

這類遭遇新事物會產生疑慮、想再三確認才採取行動的心態，其實是源自遠古時代人類面臨隨時可能出現的危機而產生的本能，早已根深蒂固。要是沒有這種喜歡反覆確認的本能，像 Tabelog（食べログ）或貓途鷹（TripAdvisor）這類靠口碑傳播擴散的網站，也不會如此大受歡迎。

接觸新事物時，與過去的經驗或知識對照、思考，是再自然不過的事。

我們處在一個未來與過去互相拉扯的世界裡，如果人類是一種單純被未來牽引而不斷進化的生物，那麼就不會有人喜歡古董，也不會每隔一段時期就吹起復古的風潮。對於老東西的懷念、在古老事物中獲得的美感體驗，正是為了抵抗、平衡新事物所帶動的、不斷朝向未來前進的力量。

構思企劃時，如果沒有將這股平衡的力量列入考量，就容易做出過於前衛、具攻擊性，且一般人無法理解接納的企劃。

結合引擎和電動馬達的動力、降低油耗、符合環保要求的油電混合車；一般的照明設備皆可使用、壽命卻更長的LED燈泡；結合郵件、聊天室、社群網站、電話等功能，且更為方便好用的LINE……。

這些令人不自覺發出「哦！」的東西，某種程度上都是已知事物的延伸，但又加上了開創性的差異——就是所謂「應該存在，但卻不存在的東西」。

如果與既有的思考方式相差太遠，又過於強調獨創性，結果很容易就會成為「自我滿足的創意」。**從事創作的人，在追求創新的同時，也要保有對過去的敬**

意，這點相當重要。

向過去學習時，最重要的關鍵，是要從中發掘出有用的線索。有沒有任何東西可以作為新產出的範本或提示呢？

想要得到答案，除了知識之外，顯然沒有其他的切入點。擁有豐富的知識，就如同擁有許多可以幫助你提升品味的良師。如果還期待能夠成長更多，比起一個老師，優秀的老師當然是越多越好。

品味是以知識為基礎的洞察

若要具備好品味，累積知識、向過去學習非常重要。但同樣地，品味也代表著一種洞察機先、掌握時代脈動的能力。

前面提過，如果一下子就飛躍到太遙遠的未來，只會讓消費者產生對未知的不安與恐懼，而無法接受。產出本身其實只需要領先時代半步即可，但為了達成這半步的領先，卻需要能預測出下一步、甚至下兩步的品味。

了解過去並累積知識，與洞察機先並掌握未來，兩者看似互相矛盾，在我的認知中卻有明確的關連，因為**以知識為基礎的洞察力，同樣也是一種品味。**

以經營品味為例。

「為了公司業務計畫的長遠發展，必須先收購這家風險企業。」許多具備洞察力的經營者可能都曾經這麼做過。社會大眾對他們的評價，普遍也是經營品味出眾、投資直覺敏銳。事實上，在受訪的過程中，當有人問起：「社長為何能夠預測市場的未來走向呢？」還真有些經營者會回答「靠多年的直覺」。

但就我的觀察，這些社長多半對市場動態累積了大量的知識與經驗，並以此為基礎做出屬於個人的預測，以及經營決策的判斷。只是一連串的思考過程通常很難用言語說明，才總是用「直覺」一語帶過。

再舉另一個占卜的例子。

有些知名的算命師，因為算得很準，常被懷疑是不是「有超能力」。不過只要觀察他們的言行舉止就會發現，有不少人其實只是「運用自己全部的知識來說服他人」。

再者，占卜的種類五花八門，有些看起來類似統計學，前陣子我個人對風水產生了興趣，買了十幾本書回家研究，最後恍然大悟——

「風水表面上看起來是占卜，其實就是與『氣』有關的知識集合。」

這裡的氣不是氣功的氣或靈氣的氣，而是指大氣的氣。「風水」顧名思義就是風跟水，是以溼度、溫度等天候與地質知識為基礎，推導出未來的方向。

風水原本偏向都市計畫，但不知道從什麼時候開始，成了專談「在玄關放黃色擺飾」等枝微末節知識的學問。

例如：「怎麼做才不會讓人生病？」、「戰爭遭到攻擊時，怎麼做才會比較容易防守？」、「怎麼做才能順著風和水的流向，建造出美麗的都市？」當思考這些問題時，溼度、風向、土地結構等知識，以及過去的案例等都是重要的參考，有了這些知識作為基礎，最後才能推導結論。

簡單地說，「要是在一個通風不良、容易滋生黴菌的環境建立城市，爆發傳染病的機率就會大幅提升；如果出現許多病患跟死者，城市便會衰敗。」這種說法雖然既合理且實際，但為了預防災難的發生，在制定都市計畫時，還是不得不採用人們更容易接受的說明方式，像是「在東方或北方是龍穴」的概念。所以不難想像，那些號稱算得很準的算命師，應該也都是有品味的人。

到了現代，我們也可以以知識為基礎，對身邊的事物進行預測，而且也應該這麼做，因為這關係到品味的培養。

例如，當我準備在代官山開設事務所時，在建築物還沒蓋好之前，就先和屋主簽定了租約。當時建地才剛圍起來，正要進行基礎工程，我一看到就立刻與告示牌上的起造人聯繫：「我對這棟建築物很感興趣，可以讓我看看設計圖嗎？」實際蓋好之後，這間辦公室確實相當舒適，不但採光良好，頂樓的視野也非常開闊，宛如置身海邊——good design company 就是這樣誕生的。

開設事務所是個重大的決定。像我這樣，連建築物會蓋成什麼樣子都不知道，只因為「這塊土地很好！感覺很舒服！」的理由，就貿然決定的行為，或許有人認為「是靠品味決定的吧！」或「直覺好準！」，但一切其實都與知識有關。

事務所的地點在一處高地，採光佳、通風良好、非常舒適。加上這裡屬於第二種中高層住宅專用區，完全不需要擔心未來會出現任何吵鬧的商業設施。

有時會聽到這樣的抱怨：「當初買這棟公寓，就是因為看得到東京鐵塔，結果前面竟然蓋了一棟大樓，現在什麼都看不見了。」會遇到這種狀況的人，就是沒有以知識為基礎進行預測，很可能就是缺乏品味的人。即使不具備相關知識，只要稍微調查或去附近打聽一下，就能事先了解；如果連這種程度的努力都做不到，做出錯誤的選擇也就不足為奇。

如果是前方有首都高速公路經過的大樓，雖然可能很吵，但前面就不太可能再蓋新的大樓，自然就能滿足「看得到東京鐵塔」的期望。如果首都高速公路有改建計畫，只要先取得相關的知識，了解改建的區域，就有助於做出正確的預測。

此外，只要仔細觀察山手通，就會發現有些地方蓋了類似長靴的L型建築物，這些多半是未來道路拓寬時，會進行區劃整理的區段，所以建築物在興建時會預想到幾年後的改建或拆除。希望「在大馬路旁邊開店」的人，只要能提前注意這些地段，說不定將來也會變成大馬路。都市計畫通常早在幾十年前就已經決定，知道、不知道，或者有調查、沒有調查，基本上就決定了預測的正確與否。累積知識之後反覆預測，必能讓品味有所提升。

客觀知識的多寡，決定了品味的好壞

品味是建立在知識之上，這個觀念我應該已經傳達得很清楚了。不過我想再說明一點，我並不是指任何知識都一定是好的。

舉個簡單的例子，想想流行時尚。

假設有位A君，從學生時代起，「總是穿著看起來很普通的針織衫，卻令人覺得既時尚又有品味」。

對時尚沒有興趣的人，可能會覺得他也沒花什麼心思，只是選了「看起很普通的針織衫」，不知為何卻令人感覺很有品味——但很明顯，事實並非如此。

A君應該對流行時尚下了很多工夫，對於服飾及時下流行瞭若指掌，對自己的體型、個性、氣質等客觀資訊也都能確實理解，結合兩種知識之後才做出了服裝的選擇。

另一方面，有位B君「總穿著時下最流行的服飾，看得出來她很喜歡時尚，但看起來卻沒什麼品味，也缺乏時尚感」。B君雖然跟A君一樣，應該也花了很多工夫研究時尚，但她的知識卻非常狹隘，只集中在「現在流行什麼」，或許她很清楚「人見人愛的穿搭」資訊，卻缺乏對自己的體型、個性、氣質等客觀資訊的掌握。結果選出的衣服，總是無法達到襯托自己的目的，看起來不但缺乏品味，也不時尚。

從這個例子不難理解，要提升品味不能只是累積流行資訊，如果要使無法量化的現象呈現出最佳樣貌，客觀資訊也一樣重要。

品味最大的敵人，就是先入為主的主觀意識。在主觀意識的影響下，無論收集多少資訊，都無助於品味的提升。

我們多多少少都有一些先入為主的成見，思考方式和過去的人生經歷，造就了一個人的全部。從個人的穿搭打扮，到商業領域的計畫方案，我們都很難打破主觀意識的框架，達到真正的自由。

但正是因為無法達到真正的自由，才更需要有意識地摒除成見，**拋開先入為主的想法，收集客觀的資訊，正是提升品味的不二法門。**

我經常半開玩笑、半認真地說：「要是學校有教提升品味的課程就好了！」因為學校教育的設計，正是學習收集客觀資訊最有效率的方式。只是現在的學校雖然可以學到歷史、數學等客觀資訊，美學相關知識卻被當作自修的內容而遭到忽視，結果就會產生前述例子中A君與B君的差異——懂得收集客觀資訊，與不會收集客觀情報。

要求一個兩歲小男孩挑選品味很好的衣服，應該不太可能，雖然每個小孩之間都有個人差異，但沒有一個小孩天生就是A君或B君。即使真的有所謂天生的品味，造成的影響也相當有限，後天的因素才是造成差異的主因。

喜歡粉紅色，就買粉紅色的衣物；熱愛戶外活動，就買適合戶外活動的裝備；注重機能性，就買運動品牌出品的服飾；只在意價格，就買平價的服裝。

無論理由是什麼，人總會依照喜好做出選擇，而所謂的喜好，就僅僅是個人主觀而已。

如果能夠加入「什麼樣的服裝適合自己」的客觀性，就更能發揮品味的力量，讓無法量化的現象呈現出最佳的樣貌。

如果你很幸運，是像A君這樣的人，那就繼續累積客觀資訊。如果很遺憾的，你是像B君這樣，對品味缺乏自信的人，就試著摒除主觀的「喜好」，收集客觀資訊。要是你跟A君、B君都不一樣，「既沒有偏好，也不具備知識」，宛如純白的畫布，那就更有利於客觀資訊的收集。不過在進行之前最好有些自覺，認清自己過去並沒有為了獲得知識而努力。

「想挑選有品味的家具，卻選不出來。」這樣的人應該原本就對室內設計缺乏概念，卻常常在逛了幾家家具店，了不起翻翻五、六本雜誌之後，就輕易地說出「我做不到」。

但一眼就能挑出好家具的人，可能至少翻過一百本甚至兩百本室內設計的雜誌，或是逛過很多家具店，或者曾向專家請益，吸收累積了足以和專家匹敵的知識。也許不像在學校讀書那樣辛苦用功，只是當成興趣樂在其中，但最後卻能累積龐大的知識，再加上能以客觀的角度審視「自己的房間」，才能選出理想的家具。

對自己的品味缺乏自信的人，必須先認清自己收集的資訊其實很少，客觀資訊也相當缺乏。就算是能瞬間就讓事物呈現出最佳樣貌的人，其品味絕不僅是來自感覺，而是來自大量知識的長期積累；換言之，品味要透過深入鑽研，而且是任何人都能擁有的技術，絕非與生俱來的才能。

Part 4 運用「品味」，提升工作品質

「流行」不等於「有品味」

「知識對品味很重要，去吸收各種知識吧。」

突然聽到這句話，應該有很多人會不知所措。

「我不知道該從哪裡開始。」

「我實在沒時間從頭學起，有沒有什麼有效的方法？」

為了有這類煩惱的人，本章特別整理出培養品味時，該如何增長知識、提升工作品質的訣竅。

在進入正題之前，希望大家先理解一個前提——「流行」不等於「有品味」。將這兩個觀念搞混的人，比想像中來得多。

以流行時尚為例，雖然全身上下都是最流行的打扮，但如果不能配合穿著者的體型或氣質，結果也不一定好看。

開發商品也是同樣的道理。只是一味模仿「流行商品」的包裝設計風格，並不一定能博得消費者的好評。

或許有人認為「這是當然的啊！」但掉進這種陷阱的商品開發者，比想像中還多。一味模仿流行商品的結果，通常做出的都是不上不下的商品，不但消費者不能接受，在市場上也難以存活——但這樣的商品卻很常見。

幾年前，有一項剛上市不久的商品，我在店裡看到時忍不住發出讚嘆：「原來如此！」那是朝日啤酒（Asahi Beer）推出的新啤酒系列「Clear Asahi」。在這之前，這類啤酒的市場大概都是由其他廠牌獨占，只不過當我看到包裝的瞬間，就深信「這個會大賣！」沒有多想，就立刻買回去與公司同事分享：「我發現了一個商品，設計得超棒！」

前言中也提過，暢銷商品必定具備所謂的「觸發物」。觸發物（sizzle）的英文原意是形容「肉在火上烤得滋滋作響」的樣子，被日本廣告業界借用，形容會令觀眾垂涎三尺的廣告表現。更廣義的解釋，我認為就是「一個東西該有的樣子」。

「Clear Asahi」的包裝簡直就是解釋觸發物的最佳案例。泡沫就要從罐子口溢出來了——這種表現方式充分展現了「啤酒該有的樣子」，以這個角度來看，實在是非常高竿的設計。但這款商品並不是真正的啤酒，而是被稱為第三類啤酒的新類型酒精飲料（譯注：啤酒風味的氣泡酒，原料中不含小麥，因為酒稅較低，所以售價也較低），不過這正是此包裝的精髓，可以完全命中有以下想法的人：「雖然好想喝啤酒，但實在沒辦法，只好喝喝新型的……。」

事實上，「Clear Asahi」的銷售成績也一直穩定成長。暢銷的原因很多，包含口味、廣告等等，但我認為最重要的，還是因為這個包裝很厲害。

之後過了沒多久，我有點驚訝地在超市中發現，其他廠牌也紛紛賣起包裝跟「Clear Asahi」類似的商品。

卻沒有任何一種像「Clear Asahi」那樣暢銷。

消費者相當敏感，仿冒者當然比不過原創者，多數人也不會買單。這個例子說明了，只是在外觀上模仿流行商品，並無法與之競爭；然而，這種案例卻隨處可見。

另一個值得注意的重點，是品味在某些時候也會有「保存期限」。原本占據大小商店、眾人趨之若鶩的商品，某一天也可能突然乏人問津，甚至默默下架。這種狀況其實並不罕見，要是誤判了時機，在熱潮衰退時才推出類似的商品，一上市就會因為缺乏品味而面臨被淘汰的命運。因此，隨時更新自己的品味也極為重要。

三個能夠增加知識的有效步驟

增加知識的過程，可以區分為三個步驟，分別依序說明。

①解析「經典」

第一步先從拆解「經典」是什麼開始。

所謂「經典」，以商品來說，或許就等同於「經典款」、「公認最佳品牌」或「長青品牌」。

若以牛仔褲為例，大概就是Levi's 501吧。擁有超過一百二十年的歷史，至今仍受到大眾的喜愛，是經典中的經典。

這些經典商品一定都具備了該項物品應有的特質，因為在成為經典之前，必定經過反覆改良、淬鍊，最後才打造出「商品應有的樣子」。反過來說，也正因為具備了商品該有的樣子，才會受到眾人喜愛，成為經典。

簡單地說，所謂的經典商品，就是已經「經過最佳化」的商品。本書對好品味的定義，就是「判斷出無法量化現象的優劣，並加以最佳化的能力」。而這些經典商品就是因為經過最佳化的歷程，才能在市場上屹立不搖。因此，只要拆解這些商品，就能找出該類產品在最佳化過程中，所需要達到的標準。

但或許有人會這麼說：

「怎樣才算經典？要界定似乎有些困難……」

沒錯，正是如此！而且實際上還比想像中困難。

我除了以創意總監的身分擔任企業顧問之外，也共同創立「THE」這個品牌，試圖將每樣東西改良成足以成為經典的商品。設計的內涵應該要包含裝飾設計與功能設計兩個面向，但市面上卻充斥著只重視裝飾設計的產品。「為了打破現狀，似乎只能讓自己也成為生產者」，因為這樣的理由，我才開始了這個品牌，至今已和許多廠商合作，開發了不少聯名商品，也希望有朝一日能夠經手「THE車」、「THE大樓」的開發設計。

這個品牌在丸之內的購物商城「KITTE」內開設了專賣店「THE SHOP」，店內不僅有原創商品，還有文具、服飾、雜貨、玩具、零食、烹飪用具，甚至自行車等各種品項的「經典款」。每次選品會議的討論，參與者的發言都非常踴躍，可說是公司最熱鬧的時刻。

例如，提到原子筆，大家就會想到的經典款是什麼？

只要到文具店，就能看到各式各樣的原子筆，再多走幾家店，大概就能發現哪些是熱賣的款式，或是用關鍵字在網路上搜尋「原子筆　經典款」或「原子筆熱銷」，也能查到大量的資訊。

那麼，所謂經典款原子筆究竟是什麼？目前最暢銷的款式？或是過去在全世界賣得最好的款式？不對、不對！應該是公認書寫最流暢的款式吧？或是老字號文具品牌所推出的頂級商品呢？其實每個答案都不能說不對。

最後THE選出的，是藉由摩擦熱讓文字消失的原子筆——「百樂魔擦筆」。雖然這不是從以前就有的基本商品，但「能夠擦掉」這項值得矚目的功能，未來一定會成為所有原子筆的基本配備。

我跟運動品牌PUMA一起合作開發原創的室內足球鞋時，也曾經相當煩惱：怎樣才稱得上是經典款的室內足球鞋？講究功能、材質，或是形狀呢？最後我想到的，是足球鞋款經典中的經典——PUMA的「PARA MEXICO」。從一九八六年上市以來，這個鞋款就熱賣至今，三浦知良選手也是忠實的愛用者。正好在這段期間，三浦選手因為代表日本參加世界盃五人制足球賽的新聞，受到各界矚目。

於是，我們直接沿用「PARA MEXICO」的鞋面，鞋底則是運用最新科技製成的室內足球鞋底。最後完成的製品「THE FUTSAL SHOES」，也可能因為限量的關係，短時間內就銷售一空。

現在網路如此普及，調查任何事情都變得相當容易；不過在判斷什麼才是

「經典」時，卻很容易被大量的資訊所淹沒。

從這些資料中，找出自己認可的經典，其實是另一項作業——吸收提升品味時不可或缺的「知識」。

在調查或尋找某項商品可以稱為「經典」的依據時，需要經過許多的選擇與取捨，在找到「經典」之前，必然會與許多「無法判斷是否為經典的商品」相遇。價格合理的、貴得嚇人的、賣得最好的、品質精良的、功能獨特的……不勝枚舉。

因此，在找到「經典」的同時，也能廣泛吸收同類商品的相關知識，不僅能理解該項商品如何成為經典，甚至還能解釋「其他商品為何不是經典」。

有些類別的品項，或許一時之間很難決定出誰才是經典。「就大眾化層面來說是這個；如果不考慮價格，老字號品牌中最頂級的就是這個……。」如果出現這種情況也無妨，因為這些觀點都可以作為未來學習知識時的基準。重點不在於「選定單一商品」作為經典的代表，而在於找選出經典商品的「過程」。

一旦找到了「經典」，之後要習得知識、提升品味都會變得更加容易。只要有「經典」作為基準，就能判斷出所謂的更好、更便利、功能更強大……，知識的範圍會因此變得更寬廣。只要有了基準，就更容易整理已經吸收的知識。

②了解時下的流行

掌握了何謂經典之後，就要開始收集流行的相關知識——也就是經典的反面。流行的東西雖然多半是一時性的，但如果能同時掌握經典與流行，就能迅速擴展知識的廣度。

其中最有效率的吸收管道就是雜誌。只要有時間，建議大家可以把便利商店架上的雜誌全都瀏覽一遍。

我平常每月會看幾十本雜誌：女性雜誌、男性雜誌、生活雜誌、財經雜誌等。從中獲取的知識非常有用，網路雖然時效性更高，但提供的資訊並未經過整理；雜誌所刊載的都是經過仔細調查的情報，只要多翻幾本就能找出流行的脈絡。

時代不斷在改變，居於不敗地位的經典商品，也可能會因為幾個月前登場的新商品，遭受嚴重衝擊。定期更新知識，才能不斷提升品味。

接下來可以利用各種方式，依自己的習慣去收集知識，當知識增加到一定程度之後，就要進入第三個階段。

③找出「共同點」或「固定的規則」

這一步與其說是收集知識，不如說是透過分析解讀，精煉出屬於自己的知識。

例如我也曾參與一些商店設計，但剛入行時，我主要負責的工作多半是商標設計等平面設計，開始接觸商店設計時，相關的知識幾乎等於零，於是我只好從頭開始吸收知識。

第一步是無論日式或西式，只要是長年受到消費者喜愛的老店，我就盡量去參觀。換言之，就是累積相關知識，了解「什麼是商店設計的經典」。另一方面，對於許多人光顧、基於一定的標準設置的便利商店，我也特別留意，經常拜訪。

第二步則是逛很多流行的店家。

第三步則是留意在經典與流行之外的店家，試著思考他們有何「共同點」。

以下就舉出幾個我自己發現的規則，例如「可以吸引顧客進門的店家」（或稱生意興隆的店家）的共通點，具體來說就是：「地板偏向暗色系」、「入口高度適中」、「如果是雜貨飾品店，感覺有點擁擠、顧客隨時會碰到彼此的店，生意比較好」。

有些人或許對「地板是暗色系」這一點感到意外，因為亮色系通常會給人「時尚、美觀」的感覺，地板應該是亮色系才對。但根據我的分析，「或許是因為日本人在室內有脫鞋的習慣，如果是純白色或米白色這類看來太潔淨的地板，反而會給人壓力，擔心把它弄髒」，所以在入口處看到一塵不染的純白色地板，就不太好意思穿著鞋大剌剌走進去，怕弄髒了地板。一旦顧客開始猶豫，就容易止步不前。

「如果是雜貨飾品店，感覺擁擠一點比較好。」這一點也是在了解雜貨的商品特性後，所做出的分析。

因為很少有客人在逛雜貨飾品店時會有明確目的，多半都是因為「這家店好可愛，進去晃晃吧」，或「不知道有沒有適合送禮的東西」這類模糊的動機。對這些顧客來說，在稍微擁擠的空間中「發現」新奇的商品正是樂趣所在，因此，營造這樣的空間感覺，正是經營雜貨飾品店的必備條件。如果在一個井然有序、視野開闊的空間裡，顧客覺得自己物色的商品會被別人看得一清二楚，就很難放鬆心情盡情選購了。

一般而言，僅供一人通行的走道，最窄的寬度約為六〇〇毫米；如果有九〇〇毫米，就能和對向的人擦身而過；一二〇〇毫米能在不干擾彼此的情況下，雙向通行。不過根據我的觀察，有些雜貨飾品店的通道甚至不到六〇〇毫米，只有五〇〇毫米左右，非常狹窄。但因為是個人經營的小店，這種擁擠感反倒醞釀出「小雜貨飾品店應有的風格」，讓我學到原來也可以這麼做。

相反地，當我經手某個辦公室的設計時，就刻意把通道設計得很寬。比能讓雙向順利通行的一二〇〇毫米更寬，有一四〇〇毫米，因而營造出寬敞的空間。

如本章所言，當我在決定一個空間的地板顏色或貨架配置時，都不是基於從天而降的靈感，而是根據相關知識所做的決定。這些知識跟規則充其量也不過是我自己發覺的共同點，說不定室內設計專家會嗤之以鼻，但我的確利用這些規則設計過很多店家和辦公室，目前看來也相當成功。因為這些透過知識的累積所精心打造的店家，也正是人們口中所謂「有品味的店」。

以品味做出選擇及決定

工作中需要「發揮品味」的時候，未必都是從零開始的案子，更多時候，反而是需要從幾個選項中做出選擇、決定哪個比較好，而左右選擇成敗的唯一關鍵，就是品味。

假如你是負責商品開發的人，當設計師提供了數個包裝設計提案：「請您從中選出一個。」你該怎麼做呢？

並不是每個人都有豐富的經驗，而且即使是經驗豐富的老手，也不一定對自己的品味有信心。

「我對包裝設計不太熟悉，實在沒有什麼自信。」

「要是挑到不適合的，感覺會被批評『缺乏品味』，說不定還會影響別人對我的評價。」

因為缺乏自信，被這樣的不安所侵襲，最後只好採多數決——應該有不少商業人士都有類似的經驗吧。

面對這種情形，如果擁有一些設計「知識」，就不會驚慌失措，只要掌握幾個具體重點，就能產生立竿見影的效果。

設計構成的要素，大致可分為以下幾點：「①色彩」、「②文字」、「③照片或圖片」及「④形狀」。雖然還有其他細節，但先注意這四點即可。

其中「①色彩」和「②文字」兩項，只要擁有相關知識，確認的程序就會變得更加容易。

①色彩的部分，就如前面章節提到的，重點在於相鄰的色彩，只要使用同色系甚至補色，畫面就會顯得平衡又美觀。只要思考「該用同色系？還是補色？」就有助於做出判斷。

至於②文字的部分，擁有相關歷史知識會很有幫助。字型，尤其西文字型，都有其發展的歷史背景。從印刷術剛開始時出現的古老字型，到近期才有的字型；出現在歐洲的字型，或出現在美國的字型等。光是累積字型的相關知識，也有助於提升品味，如果商品的賣點是歐洲風格，使用歐洲字型就會比美國字型來得合適。

當然，對於一個非設計專業的人來說，要深入了解字型的歷史是有些強人所難，但通常提案者都是專業設計師，其實只要直接向他們請益即可——「這是什麼字型？是哪個時期的字型？」

對於一些問題，設計師可能一時也無法提供答案，但藉由確認字型，確實有助於判斷「設計產出是否已呈現出商品的最佳樣貌」（或稱得上有品味的設計）。

如果你負責研發巧克力商品……

介紹完基本概念，接下來再以具體案例模擬練習。

假設你突然接到命令，負責巧克力新商品的研發，需要決定包裝設計。這時只要依照下列的步驟，應該就可以獲得充滿品味的工作成果。

①第一步，嘗試研究分析經典巧克力的相關知識。一方面研究比利時或法國高級巧克力的口味及形象；另一方面，則是研究長期受到大眾喜愛的巧克力口味及形象。

②第二步是研究時下流行的巧克力。調查競爭對手最近上市的熱銷商品，或是設法取得最近受到矚目、由歐洲新銳巧克力師傅所製作的創作巧克力，進一步觀察、品嚐，並研究包裝的特色。

③了解各式各樣的巧克力之後，就可以開始思考：「這些巧克力有沒有共同點

呢？」首先會出現的疑問大概是：「巧克力的包裝大多是咖啡色或紅色，為什麼？」、「巧克力給人溫暖的印象，是不是比較適合暖色系呢？」、「如果使用類似巧克力融化的圖像，會讓人產生美味的聯想嗎？」

④下一步是從疑問中導出假設：「包裝適合使用暖色系，盡可能選用咖啡色、紅色或橙色。」

⑤最後再驗證並調整假設，做出結論。「不過，這種設計太氾濫了。要不要加入咖啡色的補色藍色？這次的商品形象偏向比利時巧克力的風格，或許可以搭配比利時的字型。」

只要依循這些步驟，就能勾勒出大致的輪廓，至少不會設計出毫無品味的包裝，而且只要了解更多設計知識，就能讓產出的層次進一步提升。

例如，配置文字或圖片時可以想像有一個隱形的方框，把必要的元素放進方框裡，完成最基本的配置，之後只要打破既有的框架，就能增加趣味性與律動感。

圖像的上下左右若是有留白，留白尺寸統一，看起來才美觀。

排列文字時，每一行的頭尾如果沒有對齊，造成任何一行特別突出，畫面就會顯得相當凌亂。

一個版面中使用的字型絕對不多於二或三種。

事實上，一般在輸入文字時，文字之間的間距並不一致，如果能夠仔細調整，讓字與字之間的距離統一，整體畫面立刻會變得容易閱讀又清爽舒適。

雖然每一項都是基本中的基本，但只要掌握這些原則，版面就會變得賞心悅目且充滿品味。

有時候設計師可能也會因為過於專注，一頭栽進自己的世界裡，未能顧及這些基本原則，這時只要負責做出選擇的人具備相關知識就能修正。在這個講求品味的時代裡，後者也一樣重要。

其實這就是「精準度」。我們正處在一個「講求精準度的時代」，藉由知識的累積，從各個角度反覆驗證，就能讓品質和精準度有所提升。

知識純度越高，產出的精準度也越高

無論商標、商品或是吉祥物設計，有些話我在提案簡報時是絕對不會說的。例如，**絕對不說「這樣感覺比較好」**。其他像是很帥氣、很可愛這類籠統的形容，我也一概不用。

近來的趨勢，很多客戶在決定委託工作的對象時，都是因為信任創意總監或設計師的「感覺」或「品味」。

「感覺上，這個方案還不錯」的說法，在一般情況下使用，或許不會有太大的問題——事實上，很多設計師和創作者也經常這麼說。

不過，既然品味是知識的累積，就不該有任何無法用言語說明的產出。依據自身品味產生的創意，必定能透過言語的解說，跟客戶及消費者心裡沉睡的知識產生共鳴。我認為這正是創意總監的工作，也是創作工作的一環。

因此，必須同時提升知識與產出的精準度，也唯有在這種情況下，品味才得以成立。

最近只要一有機會，我就會談論所謂「精準度的時代」。精準度換成另一個說法，就是品質。在這個時代中，任何東西都需要具備一定的品質，才能受到消費者的青睞。

例如，有三個人針對福澤諭吉給予肯定的評價——

A說：「福澤諭吉真了不起！」

B說：「福澤諭吉創辦了慶應義塾大學，真了不起！」

C說：「福澤諭吉與中岡慎太郎等人爭論『要改變日本』時，意識到『接下來的時代必要的東西是學問』，於是創辦了慶應義塾，真是了不起！」

雖然三個人的意見都一樣，但可信度跟品質卻有明顯的差異。一樣都是陳述自己的意見，卻也代表著不同人以自身的「福澤諭吉相關知識」為基礎所提出的見解，而要提出有品味的發言，就少不了正確且優質的「高精準度知識」。

商品、創意及企劃也是同樣的道理。最終產出的品質，很大一部分是取決於基礎知識的優異性與豐富度；而有品味的人，就是能以豐富且優質的知識作為構思養分的人。

對於這個論點，或許有人會提出反駁。

認為「品味好壞是一種感覺，應該超越了知識的範疇」。

然而，每當消費者覺得「啊！這個商品好有品味」時，表面上看來似乎是根據感覺的判斷，其實主要依據的還是知識。雖然很多人認為要說出「感覺很好」的依據非常困難，也不容易找到更適當的形容，所以才總是用「感覺很好」、「好東西就是好」等句子一語帶過，但其實這些感覺都可以用言語說明。

當一項應該存在、但事實上不存在的新產品被製造出來時，經常出現的形容詞就是「差異化」。**這種說法原本的意思，就我個人的解釋，是指新產品和之前的產品僅有「些微的差別」**。然而實際上，當然不只有「些微的差別」，在這之前，還有所謂「精準度」的部分。

前面提過，iPhone 是一項「人人想要，卻沒有人做出來」的商品，它了不起的地方也不只是它的創意及功能。

根據工業設計專家、在東大任教的山中俊治教授的說法，iPhone 的誕生來自一連串超乎想像的製程。

第一代 iPhone 3G 的背板是塑膠材質，外側雖然是光滑的平面，但內側為了收納各種零件，塑膠殼不可避免地必須配合零件設計凹槽。

製作塑膠背板時必須先製造模具，然後將原料樹脂灌入模具內，待冷卻凝固後才能完成。一般在製模階段會先設定好凹槽跟孔洞，完成之後就不必再另行開孔或加工。

但只要模具有凹槽或孔洞，樹脂在冷卻凝固的過程中就很容易產生歪斜——如果各位手邊有其他廠牌的手機，可以試著用光照一下背板，應該可以看到投射的光線出現扭曲。這樣的歪斜是塑膠製品的特徵，一般說來不可避免，也是塑膠讓人覺得廉價的原因。

某天，山中教授拆解 iPhone 3G 時，在塑膠背板內側看見了意想不到的東西。就是在製作的過程中，一開始特地做成厚度一致且偏厚的塑膠板，然後才在成形的背板上，削出凹槽及孔洞的痕跡。

賈伯斯應該非常討厭因為模具的凹槽或孔洞，導致塑膠表面產生的歪斜吧。的確，如果一開始成形的就是厚度一致的塑膠板，就有可能做出沒有歪斜的背板。

但這樣一來，就必須是沒有凹槽或孔洞的狀態。

雖然只要使用電腦控制的切割機具，事後再挖出凹槽或孔洞即可，但增加的成本和工序都令人難以想像。

在成形後的塑膠板二次加工的做法，違反一般業界的常識，但蘋果卻願意這麼做，只為了實現對平滑美觀背板的執著。

就連身為日本代表性的工業設計師、曾參與眾多產品設計、精通蘋果哲學的山中教授，在拆解觀察了製程之後，也不禁讚嘆：「竟然做到這種程度！」

過去同類商品無法相比、前所未見的美麗 iPhone 3G 機殼也因此誕生，消費者當然不太清楚其中花費了多少的工夫——不，應該說根本沒幾個人會注意到 iPhone 3G 的塑膠背板內側沒有一絲歪斜。但我認為，正是因為這樣的「高精準度」，才讓 iPhone 如此成功。

「iPhone 感覺好炫哦！」

「看起來好有品味啊！」

人的感覺其實非常纖細敏銳，有時就算無法具體說出哪裡不同，或是不清楚這項產品和其他產品不一樣的理由，還是能敏銳地感覺出比較酷炫或悉心打造的高精準度成分。

吸收知識的範圍有多廣？吸收後如何融會貫通？最終可以達到多高的精準度？這一連串的過程，不論是設計或規劃都不可或缺。

設計就藏在細節裡。

品牌也藏在細節裡。

每次想到這裡，就更加確定這是個講求精準度的時代。

以知識作為附加價值，提供給消費者

此處要來介紹一個我曾經參與過的計畫，作為個案研究的案例，說明如何利用品味讓工作呈現最佳樣貌。

二〇一一年，委託我的業主興和株式會社，是生產「克潰精」（CABAGIN）的知名醫藥產品製造商，但興和株式會社在一百二十年前剛創業的時候，其實是棉布批發商。至今他們仍持續從世界各國進口材料，提供纖維產品給成衣業者或零售商，因為公司最初從這裡起家，所以內部普遍存在著「希望在紡織部門投入更多心力」的想法。

當初之所以委託我，就是因為「科特賴克亞麻」（KORTRIJK LINEN）。包含興和在內的幾家公司，都會使用比利時科特賴克特產的亞麻原料，這裡生產的亞麻堪稱是世界最高等級，但因為太受歡迎，光靠科特賴克的產量並不足以應付消費者的需求。

於是，除了科特賴克的亞麻，也會使用來自法國、荷蘭等周邊產地的亞麻。但就像只有來自香檳區的氣泡酒才能稱為「香檳」一樣，使用其他產地原料的製品也必須用不同的名稱來販售。然而，周邊地區生產的亞麻，原本也是來自科特賴克，品質幾乎沒有差別；因此希望能想辦法將新的製品品牌化——業務的負責人這樣告訴我。

可能因為我曾經參與打造「準有機棉」（Pre Organic）這個棉花品牌，才能獲得他們的信任吧。

在接下商標設計的委託後，我先去了一趟比利時——不用說，當然是為了收集科特賴克的相關知識。

雖然我接受的委託是商標設計，但如果不先決定名稱就無法開始。

「亞麻是生長在科特賴克跟附近的區域吧？雖說是不同國家，但那一帶的國界在歷史上經常產生變化，有沒有什麼名稱可以代表這整個區域呢？」

我詢問興和的人，對方告訴我：「那一帶傳統上稱為法蘭德斯地區（Flanders）。」我立刻反問：「既然這樣，叫法蘭德斯亞麻不就好了？」結果興和的負責人反而有些驚訝地說：「法蘭德斯出產就叫法蘭德斯亞麻，這麼直接的名字可以嗎？」對方可能不確定我只是突發奇想，還是真的「因為品味而產生了靈感」。

當時我心裡想的，其實是與這個地名有關的「知識」——《法蘭德斯之犬》的故事。如果要讓法蘭德斯亞麻在日本成為暢銷品牌，就得賦予「法蘭德斯」一詞更多的意義。

《法蘭德斯之犬》的故事因為動畫的改編（譯注：該動畫在台灣的譯名為《龍龍與忠狗》），在日本家喻戶曉。若用我心中那把「普通」的尺來衡量，大概只有少數人討厭這個故事，多數人都覺得它「既溫馨又樸實」，這樣的形象也正好符合亞麻給人的印象。

「喜歡亞麻質料的是哪些人呢？」考慮到目標對象的特性，也和《法蘭德斯之犬》的觀眾不謀而合。

目標對象基本上是喜歡亞麻的人。喜歡亞麻的人，通常也對質料相當講究；如果是這樣的人，女性應該多於男性吧。再進一步思考女性當中的核心消費者是哪些人，就不得不考慮到亞麻的價格。材質本身價格較高的亞麻服飾，並不是年輕人可以輕鬆購入的商品，因此核心目標群族大概會落在二十五歲以上到四十五歲左右。

其中包括了一九七〇年代前半出生，被稱為第二次嬰兒潮的「團塊 Junior 世代」，是購買力雄厚的主力消費層。而這個年代的女性，不論觀看首播或重播，幾乎都看過《法蘭德斯之犬》這部動畫。

經由「知識」的累積，以及透過自身「普通」的尺，衡量評估目標對象的特性之後，再加上亞麻是高級材質等因素，最後決定的命名就是「FLANDERS LINEN PREMIUM」。

事實上，當地人根本不知道什麼是《法蘭德斯之犬》，也不曾有人使用「法蘭德斯亞麻」這個名稱——但聽說，最近也有當地人開始把附近栽種的亞麻稱為「法蘭德斯亞麻」了。

名稱決定之後，就進入商標的製作。根據我的調查，當地種植亞麻的歷史非常悠久，遠在德國的約翰尼斯・古騰堡（Johannes Gutenberg）於一四四五年發明活字印刷之前。印刷字型的演變，是跟隨著印刷術發展的歷史而來，因此適合這種亞麻的字型，應該比現存最古老的活字印刷字型更為古老。在活字印刷之前，科特賴克一帶使用的是以銅版雕刻印刷的文字。演變至今，就變成名為「Copperplate」的字型，而最後商標也就決定使用這款字型。

再加上在參觀乾燥工廠與布店的過程中，我意識到「亞麻從過去就是高級材質，一般人並不容易取得」。這種優質且高級的形象，非常適合以銅版雕刻文字來呈現。

完成後的「FLANDERS LINEN PREMIUM」商標上方，有三只皇冠。為了配合主題，原先也考慮過使用紡車圖案，但因為法蘭德斯地區的範圍橫跨了法國、比利時及荷蘭三個國家，所以才決定改用各國的皇冠。然而，直接使用或許會有問題，為了表示尊重，最後使用的是以實際皇冠稍作調整的圖型。

這一連串的作業中，我確實運用了品味，但大家應該也能夠了解，品味並不是憑空出現，而是從知識當中產生的。

雖然我也運用了版面平衡或字型知識等設計相關能力，但整個過程幾乎都能夠在沒有設計技能的情況下完成。即使不是設計師，只要上網搜尋，就能了解字型的知識；不論有沒有親自飛到當地，任何人都可以查到地方歷史或生活習慣。

品味絕不會憑空出現，而是能透過知識形成。

提升產出精度，讓商品呈現最佳狀態

興和株式會社借用我這個外部人員的品味，打造「FLANDERS LINEN PREMIUM」品牌的理由，其實是當時興和內部除了該項業務的負責人之外，並沒有考慮要將產品「品牌化」。由於主要的業務是生產布料而非成衣，所以不像成衣業者會有將「商品品牌化」的想法，頂多就是「應廠商要求提供原料」而已。

在這個過程中，我所做的事情，並非創造新的事物，而僅是在既有的事物上加點裝飾罷了。

取名字、設計商標、加上標籤銷售，雖然都是「品牌化」的一部分，但卻不像一般人想像的那樣工程浩大。我的工作，說穿了，就只是「稍微幫對方整理資訊，把原有的優點展現出來」。

「FLANDERS LINEN PREMIUM」在二〇一二年作為春夏商品推出之後，

各個成衣廠商的採購人員紛紛搶著下單，銷售金額是前年的十倍。因為這次的經驗，我又更加確定「接下來的時代，將更需要創意總監」。

為了維護「FLANDERS LINEN PREMIUM」的價值，製品的單價必須維持在某個範圍之內；但因為太受歡迎、供不應求，於是只好再打造另一個平價版的品牌「FLANDERS LINEN BASIC」，我也參與了其中的商標跟品牌概念設計。

之後，興和的社長興起了「自己生產成品」的想法，所以又打造了新的品牌「FLANDERS LINEN PRODUCTS」，販售由我設計的法蘭德斯亞麻托特包等商品，同樣廣受好評；而我在設計的過程中，也運用了相關的知識。

當我提出「要做法蘭德斯亞麻托特包」時，外部設計師試做的樣品，完全呈現出亞麻布本身厚重、充滿皺褶的質感。看過之後，我反而提出「最好能做出輕薄飄逸的產品」。接下來就說明我的構思過程。

首先要釐清的是，大家印象中的亞麻到底是什麼樣的材質？換言之，就是找出所謂的「普通」。

托特包的核心消費者，與亞麻服飾的核心消費者不同。由於托特包是用來搭配休閒服飾，消費族群應該更為年輕，大概是以二十歲到三十歲的女性為主；且因為是小東西，所以能用比服飾更低廉的成本生產。

我猜想年輕女性聽到「亞麻」時，多半會聯想到法國製的擦拭布、披肩、古董布這類物品，因此我運用自己具備的所有知識，提出假設：「核心消費族群的特性是，聽到亞麻時會先聯想到質地輕薄的雜貨，而非服飾。」而要能夠符合這個假設的商品，就必須符合核心消費族群心中亞麻應有的樣子。

另一方面，既然要製造托特包，就必須做出托特包應有的樣子，一般人立刻想到的特徵不外乎「堅韌、厚實又耐用」，外部設計師應該也是以此為優先考量。亞麻應有的樣子跟托特包應有的樣子產生矛盾，於是我開始思考，如果要同時滿足兩者，該怎麼做才好。

仔細調查一下托特包的結構，托特包應有的特質就變得更加具體。看起來堅韌的質感並非只因為布料本身的厚度，形狀、車縫，以及帆布粗厚的織紋都會加強這樣的印象。

研究的過程中，我也了解到亞麻是一種非常強韌的布料，同樣厚度的棉布跟亞麻布相比，亞麻的強度是棉布的兩倍。換言之，在強調亞麻本身輕薄特性的同時，也能保證它的耐用性。在兩者的特性相乘之下，最後完成了質地柔軟、輕盈，卻又強韌且色彩豐富的托特包。

當這系列的托特包，在我合作經營的丸之內「KITTE」的「THE SHOP」販售時，創造了極高的銷售金額，堪稱是店內主力商品。但與其說是因為好的設計而暢銷，不如說是根據製作暢銷產品的理論，做了仔細的思考後，才會大賣。

很多人都能做出莫名其妙看起來可愛的商品，但卻很少人能以暢銷為目標做出商品，因為**要做出暢銷商品，就要達到不需欺瞞消費者的精準度。**而提高精準度的作業，也是建構品味的要素。

以品味篩選知識、決定產出

如果義大利航空（Alitalia）委託我設計商標，我絕不會使用「Helvetica」這種字型，因為我認為拿這個字型來做義大利企業的商標非常奇怪。

Helvetica 出自代表瑞士聯邦的拉丁文「Confoderatio Helvetica」，其名稱也是因為設計者是瑞士人與美國人，才如此命名。從這個角度來看，瑞士航空使用 Helvetica 字型，其實有它的道理。

當然，Helvetica 字型原本就經常出現在包括日本等全球各地品牌或企業的商標設計中，但如果是代表國家的航空公司，就又另當別論了。

如果不能在提案的說明中，清楚解釋為什麼「義大利的公司要刻意使用 Helvetica」，那就不該使用這種字型。當義大利航空的董事長或其他人問起「咦？為什麼要用瑞士的字型」時，要是無法事先提出能充分說明的理由，那麼身為創意總監，該做的工作就不算完成。

然而，近來類似的狀況卻隨處可見。無論是設計師，或是決定設計案的業主，都缺乏相關知識的累積——總之，我們正處在一個危險的時代。

如果你是工作內容需要與設計師接觸的商業人士，當設計師提案時，千萬不要照單全收，一定要提出質疑：「這裡為什麼要這樣設計？」因為提升產出的精準度，攸關著製造出的商品能否暢銷。

如果設計就是你的本業，更不能在解釋自己的設計根據時，以「感覺」之類的字眼逃避說明。能夠清楚解釋，才是高精準度的產出，也是培育暢銷商品的最佳路徑。

基本上，我並不相信自己的感覺，**因此會習慣性地反覆確認：「這種感覺從何而來？」**

例如，我參與經營的品牌「THE」，就像前面提過的例子，「THE牛仔褲就是Levi's 501」那樣，這是一個試圖打造出經典款商品的品牌。

在製作「THE」的品牌商標時，我想到：「如果有一種字型可以稱為『THE字型』，那就太好了。」當思考「什麼是THE字型」時，其中一個想法是找出全世界最多人使用的字型；另一個想法則是字型的根源，也就是去回溯字型的源流。

當然還有許多其他的切入點，但最後我把重點放在字型的根源，選擇「Trajan」作為商標字體的基礎。

當活字印刷開始出現時，最初並沒有統一的基準決定要使用哪種字型，於是就選擇了一款自古以來被公認「極為美麗」、刻在羅馬遺跡的石碑上的文字字型。由於這些文字是刻在羅馬皇帝圖拉真（Trajanus）的碑文上，就被命名為「Trajan」。我心想：「這正是適合THE的字體，而且它的由來還正好呼應THE的概念。」於是就這麼決定了。

這一連串的作業中，我所運用的都是知識。但若要說有沒有用到自己的感覺，也不能說完全沒有。

不過，感覺其實是知識的集合。在我感覺這個字型「好美」的背後，包含了過去讓我覺得好美的各種事物。

這些美感體驗的累積，形塑了我心中所謂「普通」的這把尺。這把尺代表我個人觀點的同時，也代表著存在於社會中的普遍認知。因為對美的感受，很大一部分取決於種族、時代、性別等個人屬性。

當我打開社會普遍認知的抽屜，從裡頭取出「感覺」時，因為有自己不了解的部分，所以還需要混入調查過的知識，才能選出最後的產出。

像這樣，「只要藉由知識的累積融合，最終總會找到正確答案」，這正是為何我敢誇下海口說「人人都能學會製造暢銷商品的祕訣」。

特別是想要改良這個時代既有的產品時，這種做法又更加合適。

Part 5 培養「品味」，提升專業能力

提升品味，就等於提升專業能力

在這本談論品味的書籍的最終章，將歸納整理一些能立即派上用場的簡單訣竅，說明商業人士該如何培養品味。

在現代社會中，品味是一種禮儀。

「有些人沒有在美術大學等機構受過特別訓練，卻被視為是『有品味』的人」，這些人基本上應該都是知識豐富的人，而這類知識豐富的人通常也會是工作表現優異的人。只要是知識豐富的人，在與上司或客戶互動時，很容易就能領會對方的專業，並能參照自己認知的「普通」，巧妙地與對方「同調」。只要能夠順利與對方同調，就能加深彼此的理解。

知識是非常奇妙的東西，只要收集得越多，就越能迅速地收集到優質的資訊。遇到不懂的事物時，能夠從上司、同事或部屬身上吸收知識的人，通常也會因為習慣露出「求知的態度」，知識自然會有所增長。相反地，遇到不懂的事情卻沒作為的人，不管到了任何地方，也不會有所作為。

更有甚者，當一個人想從他人身上獲取知識時，會自動自發地成為聆聽者，而這麼做會帶來額外的好處——大幅改善「聆聽」這項溝通能力的技巧。

提到「溝通」，很多人都會著重在如何傳達想法並表達自己；然而，溝通的真諦並不在「說」，而是在溝通的過程中，跟「說」一樣重要、甚至比「說」更重要的「聽」。

要學會配合對方的專業來調整自己的頻率，更仔細去聆聽對方所說的話，因為對話中的專業知識，正是能讓自己更上一層樓的重要養分。

就我個人的看法，品味好的人如果無法提升工作能力，反而是很奇怪的事。即使是在專業領域，品味好的人應該也能自然地有所成長。

雖然我已經重申過好多次，但這一點實在非常重要，加上眾人根深蒂固的誤解，所以我還是要不厭其煩地一再重複。

培養品味需要不斷學習。

good design company的製作人、同時是我妻子的由紀子，也曾是受困於錯誤想法的其中一人，認為自己「天生缺乏品味，所以做不到」。過去她在電視台擔任導播時，每當被問到：「新節目的商標該用哪個比較好？」、「節目布景要選哪個比較好？」她的回答總是：「我的品味不好，選不出來。」然後交由擅長的前輩全權處理。

會出現這樣的狀況，或許也是因為當時的整體環境，可以容忍「品味是天生的才能，靠後天努力也無法彌補」這種錯誤的觀念吧。

不過，時代已經不同了。在短短十年之內，品味的必要性出現了巨大的改變。不管是電視台或製造商，可以容許「沒有品味」的工作都在逐漸減少。

不懂並不是因為「沒有品味」，而是「沒有努力培養品味」。

遇到需要判斷哪個商標比較合適時，只要翻翻幾本有關字型跟商標設計的書籍，再上網收集一些資訊，應該就能抓到大致的方向。只要翻一翻設計書籍，就能看到裡面寫著許多關於字距、行距或特殊字型的簡單說明。

隨著知識的累積，對於品味的自卑情結也會慢慢消失。例如由紀子在婚後考慮來我的公司幫忙時，原本非常苦惱——「自己根本是個美術白痴，怎麼能在設計公司工作呢？」可是進公司三個月之後，不知不覺就懂得該如何對設計師下指示了。

對於設計工作的流程和專業用語，她完全是門外漢，所以一開始，她非常仔細地聆聽其他人在公司裡的互動內容，包括我給設計師的建議、設計師認為自己的設計值得採用的理由、設計師彼此提出修正想法的談話內容等等。不久之後，她就發現「好的設計必須要滿足某些基本條件」。就像上一章裡提到的「設計基礎知識」，她從對話中學到了不少。

到了最後，即使是一般認定為設計師的「品味」所決定的部分，她也都積極提出自己的意見。「那麼如果是這樣的視覺設計可以嗎？」、「像某某老師某本攝影集中照片的色調怎麼樣？」、「版面是不是應該要更活潑一點比較好呢？」

而且每個意見都非常中肯，因為她已經累積了許多與設計產出有關的具體知識，才能不斷提出新的點子。

good design company 還有另一位製作人，過去她任職於航空公司，也是來自完全不同領域的工作，但耳濡目染之下，她也培養出設計的品味，工作表現十分出色，稱她是藝術總監也不為過，不但能精確整合設計師，我對她的「品味」也百分之百地信任。

為什麼能提升設計品味呢？箇中原因，兩人的見解完全一致：「因為每天身處的環境中有大量的機會，必須不斷辨別好設計與壞設計，自然而然就會累積相關的知識，在不知不覺間就知道該怎麼做了。」

這只是眾多例子中的一個，重點是遇到不懂的事情就仔細研究，該知道的事情就努力學習。

經由每日不斷自我鍛鍊，才能提升工作的品味。

企劃書是為了介紹知識、故事、價值，而寫給消費者的信

我看過許多大公司的企劃書，包括電通、博報堂、三得利、豐田等等。無獨有偶地，每家公司的企劃書都非常相似。

大概是因為電腦裡內建的企劃書範本都很相似吧——多數公司在設計企劃書時，都會遷就現有的軟硬體設備。

但至少就我看過的部分來說，這些企劃書的版面設計實在不容易閱讀，就連製作者本身應該也是這麼覺得。

「如果站在讀者的立場，要怎麼安排版面才會比較容易閱讀呢？」

製作企劃書時，最好能試著站在讀者的角度思考。

企劃書的內容固然重要，但呈現的方式也一樣重要。要能顧及呈現方式，才能做出有品味的企劃書。

雖然不過是一份企劃書，但成敗經常也取決於此。

企劃書是一項商品準備上市時最初的產出，說起來就像是「給消費者的一封信」。製作時不但需要累積相關知識，還必須傳達出商品的故事與價值。如果還能夠配合讀者的專業素養，看起來就更接近一份有品味的企劃書。

製作企劃書時，模仿雜誌也是一種方法。雜誌的編排通常會讓讀者方便依序閱讀，因此可以先買一本自己覺得還不錯、「願意讀下去」的雜誌，並試著使用跟雜誌相同的格式編排。如果喜歡閱讀體育報紙，覺得比較容易閱讀的話，也可以參考體育報紙。

企劃書的範本，就是一種常識的框架。常識的框架與先入為主的框架，經常會妨礙品味的發揮。雖然只是個小地方，但就從這裡開始，先試著跳脫框架吧！只要試一次將企劃書結合自己喜歡的領域，即使內容沒有改變、只改變了呈現方式，企劃書的「說服力」也會完全不同。

不僅是企劃書，質疑任何形式的固定範本，用自己喜歡的方式取代它，其實就是讓工作表現出好品味的訣竅。

順帶一提，good design company 的企劃書大多非常簡單，只是在一頁的紙上寫下幾行字而已，跟平常看到的那種使用很多顏色、字型，充滿長文章的企劃書很不一樣；但大家看到的反應經常是：「好像在看連環畫一樣，順著聽眾的思考脈絡說明的呈現方式，非常清楚易懂。」順帶一提，我們還真的試過將企劃書做成繪本的形式，進行提案。

所以說，根本不需要什麼範本。每間公司、每個部門、每個計畫，都應該做出符合各自企劃特性的企劃書——如果能有這樣的彈性不是很好嗎？

挖掘消費者的深層「喜好」，轉化成有品味的產出

深入挖掘目標消費者的特質，對品味的培養而言也相當重要，但最初可以先從探索自己的特質和喜好開始。

比如說，像我這樣的四十幾歲男性，可以先以我自己的名字為中心，在周圍寫下各種我喜歡的事物。

喜歡的顏色是藍色、喜歡的藝人是披頭四跟南方之星、開的車是福斯金龜車。

接下來，再針對每項喜歡的事物寫下「喜歡的理由」。

之所以喜歡藍色，大概是因為小時候看過電視節目《祕密戰隊五連者》，裡頭我最喜歡藍戰士，所以這裡要先寫下藍戰士的相關資訊。例如，藍戰士是五連者的一員、是副隊長、是比較冷靜的角色、主要的敵人是黑十字軍……想到任何相關的資訊，都可以寫下來。

除了藍戰士之外，其他「喜歡的事物」也同樣寫下「喜歡的理由」。過程中值得注意的地方，並不是「喜歡藍色」，而是「喜歡戰隊五連者」，因為這裡才藏有更深層的情報。

對「喜好」進行深入探索，試圖找出隱藏在其中的真正答案——無論是用來調查自己或是調查市場特性，這種做法都非常好用。假設我在一家食品公司工作，希望設計一個以四十歲男性為訴求對象的新產品包裝。對目標年齡的男性進行調查，請調查對象從紅、藍、黃的包裝之中，選出他們覺得比較好的包裝，最後選出的說不定就是藍色，而結論可能是：「有超過三〇%的受測者回答喜歡藍色包裝，是最多人選擇的選項，新包裝就用藍色吧！」但這樣的判斷其實是錯誤的，因為調查的結果只是表層的「喜好」，並不是深層的情報。

假設要針對這群人數眾多、被稱為「團塊 Junior 世代」的四十多歲男性推出的新產品是咖哩烏龍麵，「因為他們喜歡藍色，就使用藍色包裝」的結果，顯然完全不能呈現出咖哩烏龍麵該有的樣子。

因此，該注意的重點其實是戰隊五連者。

「別忘了，戰隊五連者中還有一位黃戰士呢！黃戰士過去最喜歡咖哩。雖然當時他愛吃的是咖哩飯，但隨著時代的演變改成咖哩烏龍麵的話，黃戰士應該也會衝過來吧。」這樣的假設如何？就算市場調查的結果顯示「目標對象喜歡藍色」，但說不定黃色包裝才是正確選擇。

從「喜歡藍色」切入、深入探索，挖掘出四十多歲男性大多喜歡祕密戰隊這類深層的資訊，再以此作為基礎，製作「黃色」的產出，這就是深入挖掘「喜好」的方法，可作為使無法量化的現象呈現出最佳狀態時的參考。

做判斷時不要依賴感覺，要憑藉具體的知識

在培養品味時，切忌用自己的好惡來判斷事物，**因為個人好惡與客觀資訊是完全相反的兩個極端**。

然而，在執行計畫的過程中，大多數人最初的評論都是從個人好惡開始。例如有一款新上市的玻璃杯，當拿到試用品時，眾人說出口的經常都是主觀意見。

「這款杯子我最喜歡這個部分，超可愛。」

「我不喜歡這個杯子的觸感。」

如果對話是從這類個人的好惡開始，接下來的對話內容也只會停留在個人的品味，或是個人的知識範圍。即使在同一間公司、隸屬於同一個企劃團隊，每個人具備的知識量也不盡相同，結果也只會是個人興趣或嗜好的討論，不但得不到任何結論，還會浪費許多時間。

如果是一家大公司，在這個步驟之後就是不能免俗的「市場調查」。不過，若像瞎子摸象般地做問卷，當然還是得不到想要的答案。

因此，要排除個人的喜好，針對玻璃杯**先思考以下問題：「使用者是誰？在什麼時候使用？在什麼地方使用？」**接下來就針對這三個問題的答案深入探索。

深入探索「使用者是誰」的時候，如果這個「誰」設定為二十五歲的女性，就要開始以「二十五歲女性」的角度來思考。即使是相同的年齡層，還是有各式各樣的人，因此必須進一步篩選，在她們當中會買這款玻璃杯的二十五歲女性有什麼樣的想法？喜歡什麼樣的產品？有著什麼樣的生活型態？

她們在什麼樣的地方工作？午休時間會聊什麼樣的話題？午休時間聊到的電視劇是什麼樣的內容？在她們聊到的電視劇中出現的人，還演過哪些電影？她們對那些電影有什麼看法？

徹底分析到這個程度之後得到的大量資料，用行銷的術語來說，就是所謂的

「人物誌」（Persona）。如果是直接利用數據推演到這樣的程度，需要耗費許多人力，而對這樣的作業「擁有相關知識的人」，也都是「有品味的人」。

如果想要具體且真實地想像目標對象的樣貌，雜誌其實非常好用。為了達到這個目的，每個月我都會大量閱讀各種針對不同年齡層女性製作的雜誌。「如果是二十五歲、充滿女人味的女性，應該是這本雜誌的讀者吧。約會時會去看雜誌特輯中介紹的這部電影吧，喜歡的藝人大概是這些人，喜歡的服飾品牌是……」如果是簡單的人物設定，應該可以立刻描繪出來。

另外，針對「在什麼時候或什麼地方使用」的問題，如果是「出席自助式派對時，在派對的場合使用」的話，可能就需要搭配派對會場的氣氛，如果杯子本身太重就不太適合……透過思考這些問題，至少可以收集到最基本的資訊。

這裡提到的都是相當基本的事情，卻有很多商業人士無法做到。

請記住「使用者是誰？在什麼時候使用？在什麼地方使用？」這是在具體描繪目標對象，讓品味發揮最大力量時，最需要的三個原則。

即使是「小眾品味」，也能成為工作的軸心

這一小節的主題，看似跟本書前面提到的內容矛盾，但是，在非常小眾的領域中，還是有知識豐富且品味很好的人。列如「對鐵路非常熟悉」或「對海洋生物無所不知」的人。

這些人經常被視為「缺乏品味」，他們對自身的品味也缺乏自覺。就我而言，會覺得這樣實在太可惜了。

這些在小眾領域裡擁有豐富知識的人，他們擁有的品味極為獨特，可以將一切事物與自己擅長的領域連結。

例如，對海洋生物知之甚詳的人，要是在糕餅公司工作，她或他不管在構思任何事情時，可能都會聯想到海洋生物。

「『GINBIS 動物造型餅乾』就是以動物的輪廓作為餅乾的造型，並在每一塊餅乾印上『LION』、『SHEEP』等動物的英文名稱。那麼，要不要來販售包含許多海洋生物造型的巧克力呢？」

說不定會出現這樣的提案。

「講到海洋生物的故事，最有名的就是『小黑魚 Swimmy』，在很多小顆的『寶寶』巧克力豆中，放進唯一一顆紅色巧克力，且取名為『Swimmy』怎麼樣？」

類似這種「只有這個人才想得到的點子」應該非常多。

很多人並不是缺乏品味，只是沒有善加利用。

在培養品味時，也必須具備活用品味的技術。特別是在小眾領域擁有豐富知識的人，又更需要這種技術。

當藉由這類商品來衡量企業的品味是否有所提升時，善用自己喜歡的事物，亦即自己所擁有的最強武器，也可以作為一種以品味提升工作能力的方法。

如果有擅長的領域，就不妨試著把所有事物都帶進這個領域。

「你怎麼又來了？」就算其他人這麼說，也要堅持站上自己的擂台。

我曾聽人說：「大學入學考試時，有個人不管遇到什麼題目都能扯到披頭四。」如果能像他這樣方向明確，就不會因為猶豫不決而浪費太多時間，說不定還真的能得到好成績呢。

同樣的道理也可以應用到商場上。如果因為「要想出好企劃」而過於苦惱、耽誤太多時間，建議不如就從自己擅長的領域開始思考。這樣工作起來絕對會更加快樂，效率應該也會大幅提升。

這種做法或許不適用於專業性很高的企劃，但假如眼下不能使用，之後還是可能因為某種契機，而有機會發揮出極大的價值。

刻意改變日常規律，練習打破成見的框架

培養品味的方法，就是累積知識與保持客觀。反過來說，**不用功與自以為是，就是提升品味的最大障礙。**

願不願意為了獲得知識而努力用功或許是一個問題，但無意識的自以為是表現，說不定更為棘手。**要消除自以為是，可以嘗試一些跟平常不一樣的行為。**也不需要過於離經叛道，只要從一些小地方著手即可。

試著翻一翻平常不會碰的雜誌、看一些平常不會看的電視節目、跟平常在公司不曾交談的部屬或上司聊天……。

每個人自我的框架都是由自己決定的，但形成「自我」的要素卻來自於周遭的環境。只要試著改變周遭環境，自我的框架就會跟著改變，而在自我框架改變之後，品味才有可能變得更加多元。

比方說，刷牙的時候，不知為何總是從左下方的臼齒開始刷起的人，可以試著改成先刷門牙。泡澡的時候，我猜一般人多半習慣從同一個方向躺入浴缸，下次可以試試看不同方向。泡澡的方向主要受到水龍頭或熱水器位置的影響，但只是刻意改變一下，就會感覺非常不同。

去審視自己生活中每一個理所當然，只要試著做出不同的行為，就能體會日常規律的制約有多大。

前陣子，因為朋友的推薦，去了後樂園的溫泉設施「LaQua」，「怎麼有這種東西！」各種超乎想像的事物讓我感到非常新奇。又有一次，和朋友還有他的夫人，三個人一起搭乘雲霄飛車。長大成人之後，好像就很少有機會在不帶小孩的情況下搭乘雲霄飛車了，於是三個大人在遊樂場展開了一場奇妙的冒險。

試著做沒有做過的事、到沒有去過的地方，像高爾夫球練習場、釣魚場、網路咖啡廳等等。

刻意看一些沒看過的東西，看看教育電視台播放的那些你不感興趣又看不太懂的節目。在電車上，看到旁邊的人讀的書，也買來讀一讀。男性可以看看女性雜誌，女性也可以看看男性雜誌。

如果是讀一本你完全不感興趣的書，基本上應該會覺得很無聊，但也可能會發現令你意想不到的驚奇。針對女性製作的彩妝節目、做小吊飾的書，或是美甲書這類跟我本身興趣相差甚遠的節目或書籍，我也是三不五時就會找來看看。

跟不同行業的人聊天，當然也有助於摒除「自以為是」。去看牙醫時，就跟牙醫師請教牙醫的專業。到美容院時，別只是跟擅於傾聽的美髮師說自己的事，而要試著讓美髮師聊他的事。「那把剪刀是什麼樣的剪刀？你最近都去哪裡喝酒啊？」只要反過來主動發問，就會有新的發現。

前一陣子我籌劃了一場飲酒會，邀請了小說家、音樂家、編輯、經濟學者，以及燒酎酒廠的經營者，讓這些來自不同領域、彼此不認識的人初次接觸。在聽到其他人談論自身專業的過程中，有時會充滿驚奇，有時不同領域之間也會產生火花，整個場面十分熱絡。

改變每天上班的路線，說不定也相當有趣。假日的時候，不如試著在與平日往車站相反方向的公車站牌排隊，雖然站牌上有各個停靠站的名稱，但不知道也沒關係。終點也好，中途下車也罷，總之就是找一個沒去過的站下車，如果有任何新的發現，回程一定會非常開心。

平常如果都在同一家店買衣服，就換一家吧。女生到男裝店也可以。去逛逛平時沒興趣的百貨公司樓層，跟那裡的店員聊聊天，自己的世界也會有所改變。

要送禮物給心儀的女性時，不要直接問她想要什麼，買一本她可能會有興趣的雜誌，先到店裡看看，試著挑選也不錯。把她當成目標對象，研究調查她的特質，產出就是最適合她的禮物。如果能選出她「完全沒想到，但收到之後很開心」的禮物，她喜悅的程度很可能會是平時的一二〇％、甚至一五〇％。這等於完成了一次極具品味的行動。

去一個從來沒去過的地方、跟其他行業的人聊天、從不同方向躺入浴缸、在不同的公車站上下車、到百貨公司做點小小的「調查」……這些行為對我來說都像「旅行」。旅行就是學習，是培養感受能力最棒的方法。

對我而言，旅行的定義就是逃離日常的非日常體驗。

反之，不論你去到多遠的地方，如果還是處在類似的環境，充滿日常的感覺，反而就失去旅行的意義了。

不需要特地出國旅行，也不需要到遠方的城市。逃離日常的旅行，就從今天開始吧！

每日花五分鐘逛書店，檢視吸引你目光的事物

我非常喜歡待在書店裡。一想到「這裡有這麼多書籍，像是集合了這麼多人的想法」，就讓我雀躍不已。

如果妳不是阿川佐和子或林真理子，恐怕很難有機會個別與名人面對面交流。更別說那些生在不同時代，或已經過世的名人，就算是阿川女士也不可能與他們交談。

然而，如果在一家擁有一萬冊書籍的書店，就有機會接觸到一萬個人的想法。**書店是美好的智慧泉源，是一個滿載知識、可以供給品味養分的空間。**

我認為，想要看出一個國家的民主化程度，或者國民的素質有多高，只要參觀這個國家的書店這種細微的地方就能看出端倪；一個國家知識開放的程度，只要看書店中的書就感受得到。

一個多元國家所擁有的國民多樣性越複雜，就會產生越多的成功人士與發明家。創造這種可能性的重要因素，就是知識的開放程度。

我從念高中時就很愛逛書店，每天晚上十點打工結束後，就會到我家附近的大型書店，一直待到十二點書店打烊為止。

當年養成的逛書店習慣，到現在仍一直維持著。首先，我會先翻閱自己感興趣的書或雜誌，看到一個段落之後，便在店裡隨便亂逛。從童書區到雜文區、一直到小說區，整個晃過一遍，只要有吸引我目光的東西就拿起來看一看。即使只是一瞬間的感覺，其中應該也包含著可以吸引我的理由。連我自己也覺得「有些不可思議」的，就是這些「完全不感興趣」、只因為「引起我的注意」而被我拿起來翻閱的書。每次看到這樣的書，感覺就像是駕著船航向知識的大海，總是意外發現「竟然還有這樣的世界！」

每天都去逛一次書店吧！在通勤途中到書店晃晃，花五分鐘繞一圈。十分鐘也無妨，重點是要盡可能快速地整個繞一圈，只要感到好奇的書就拿起來翻閱。

最理想的狀況當然是買下來，但如果荷包不夠深，在書店翻翻也無妨。只要養成這種習慣，單純計算下來就像是一年增加了三百六十五種知識。

在持續的過程中，雖然不見得能變得「學富五車」，但至少能為你打開一扇名為好奇的求知大門。

找回年少時的天真感性

人在三歲之前沒有記憶，是因為日常生活中充滿了驚奇。

這是我自創的說法，但或許意外地正確也說不定。

例如，我從三十八歲到四十一歲這三年之內，雖然也學會了幾件事情，整個人卻沒什麼太大的改變。

但是，從零歲到三歲這段期間，卻是以驚人的速度不斷學會新的事物，很可能是因為小嬰兒擁有強大的「感知力」，如果感覺不到任何東西，小嬰兒可能到幾歲都學不會說話吧。

另一個讓我覺得有趣的現象，就是長大成人後，幾乎所有人對於三歲之前的事情都沒有印象。四、五歲的事情出乎意料地記憶鮮明，但三歲之前卻幾乎一無所知。極少數的人可能還記得，但多半也只是記憶的片段。

其中的機制，有許多專家從大腦發育的觀點做了各種研究，而我則是擅自從不相干的角度提出了我的假設。

三歲之前，每天都有多到超出人類負荷、從未見過的新奇世界展現在眼前。如果有個「驚奇程度」的量錶，每天出現的驚奇事物應該多到讓指針總在破錶邊緣，因此才會來不及記下所經歷的一切。

我就是這麼想的。

對小寶寶來說，光是看到窗簾晃動也會感到非常驚訝，毫無理由就覺得有趣得不得了。無論是白色的桌子、閃亮的太陽、爸爸邊說話邊發出的各種聲音、媽媽蓬鬆的頭髮……全都會讓小寶寶發出驚嘆。

但現在的我，卻很難有機會感到驚奇。如果能突然瞬間移動，站在大峽谷前方，說不定會發出「哇！」的讚嘆；但如果是一般旅行，即使來到了大峽谷，大概也會覺得：「嗯，在 YouTube 上看起來震撼多了。」

有時候過於努力累積知識，反而會讓人失去了自由的聯想力。**磨練品味固然需要知識，但要讓吸收的知識成為自己的東西，就需要感受力與好奇心。**

幼兒的天性，時常令人聯想到創造力與想像力的主要原因，就是幼兒擁有強烈的好奇心與感受力。如果「感知的力量」不夠強大，知識的累積就會遭遇困難。就像在考試前一天晚上臨時抱佛腳死背的知識，通常過沒多久就會全部忘掉。

「感受力＋知識＝感知的好奇心」。

長大成人後，最好隨時提醒自己想起這個公式。長大後雖然會懂得要努力充實知識，但如果能保有幼兒般的感受力，不需要特別努力，也能自然而然地吸收知識。幼兒的天性最棒的地方，就是沒有界線的想像力。隨著年齡增長，很多人會不知不覺就像穿了一身盔甲，讓自己變得僵化，使想像力受到限制。因此，如果能在擁有成人知性的同時，也能保有幼兒的天性，或許就能同時擁有豐富知識與想像力——而這也是另一個跳脫自我框架的訣竅。

偶爾當個天真的孩子吧！找回一無所知，卻對所有事情充滿好奇的自己吧！

與人生前輩交流，提升品味的層次

這陣子我常在想，能否與年長的前輩交流，其實可以判斷出一個人是否有品味。

可以輕鬆和長輩交流的人，大概只有少數的一成左右也說不定，畢竟這需要一點勇氣。

基本上我是那種就算對方是長輩，也會邀請對方一起去喝酒的人。不過，也不是隨意就能提出邀約，其實我都非常緊張。說不定得聽對方說教、說不定到最後我都在調酒、說不定會有很多麻煩的事情……。

然而，跟人生經驗豐富的前輩會面，比起麻煩，能得到的收穫可能更多。

這是一個好機會，可以將人生前輩擁有的知識、智慧及經驗等品味的結晶，吸納成為自己的一部分。

不過話說回來，「邀請年長者有些難度」的想法其實是一種偏見。

能不能和年齡差距很大的人溝通，事實上是取決於對知識的好奇程度。這個人在想些什麼？跟這個人在一起時會發生什麼事？到卡拉ＯＫ他會唱什麼歌？我要做什麼才會讓他感到高興？我要說什麼才能得到他的認同？即使只是單純地消遣，但在與前輩互動的過程中，就會吸收各種知識。

我非常喜歡在喝酒的場合聽別人說話，不論對方比我年長或年輕。尤其是與那些人生經驗豐富的前輩交談時，只要多留意就可以學到很多東西。即使是在很無聊的飲酒會，遇到的人都很乏味時，也可以當成負面教材，作為一種學習的機會。「為什麼這個人會講出這麼討人厭的話呢？」只要趁機思考研究，得到的知識也可能在日後昇華為自己的品味。

我的想法很單純，就是任何經驗都能為自己的人生加分。

利用「挑衣服」練習客觀看待自己，讓自己呈現最佳狀態

「挑衣服」其實是日常生活中能以客觀角度看待自己的一種方法。要挑出有品味的服裝，就必須先捨棄「好惡」的量尺。

即使面對的是自己的體型或特徵，但多數時候，我們都是在資訊不足的情況下為自己挑選衣服。

例如，不要只是籠統地感覺「腿很細」，而要進一步觀察細部才做出判斷，像是「大腿跟小腿肚雖然纖細，但腳踝比較粗」，或是「因為皮膚比較白，雖然喜歡這個顏色，但另一個顏色其實比較適合」，重點在於要以客觀角度審視自己。衣服每天都要穿，所以很適合用來作為培養品味的練習，請務必嘗試看看。

在其他公司可能會被當作性騷擾，但在 good design company 裡，經常會有女性同仁跟我說：「水野先生，可以幫我挑衣服嗎？」希望我陪她們去買衣服。

老實說，給女生服裝上的建議非常麻煩，而且為什麼難得的假日還要陪員工挑衣服呢——雖然心裡這麼想，但有人拜託時我還是會忍不住答應，這可能是一種職業病吧。就作業的程序來看，幫別人挑衣服，就類似於設計包裝時的創意指導工作。以下就稍微介紹我構思的過程供大家參考。

①正確掌握目標對象表面的「特質」

在這種狀況下，目標對象就是穿衣服的人。如果是自己要穿的衣服，那麼目標對象就是你自己。表面的「特質」在這裡指的是身材或五官長相，盡可能仔細觀察，找出所有的優缺點。

如果光憑印象，很容易會忽視真正的特質。例如雖然給人「纖瘦」的印象，腰卻很粗；或是給人「肥胖」的印象，小腿卻非常纖細。還有如果五官的印象比體型的印象更為強烈，強調五官也無所謂。

舉例來說，我公司裡的某位員工個子非常嬌小又長得很可愛。她剛進公司時，經常穿些蓬鬆柔軟、充滿少女風格的服裝，所以大家對她的印象多半是「看起來很孩子氣」。

不過當她請我幫忙時，我反倒覺得她的長相很成熟。仔細觀察會發現她的輪廓很深，但這項特質卻被嬌小的特徵給掩蓋了。

②掌握目標對象的內在「特質」

人的外表會受到內在影響，所以挑選穿著時也要考量自己的個性。深入思考自己是爽快開朗？還是認真穩重？

③設定達到最佳狀態的條件

掌握目標對象的特質之後，就可以設定最佳化的條件，也就是希望達成的目標。要突顯內在的開朗特質呢？還是反過來隱藏這個部分？端視最佳化條件下的穿著而定。如果是約會的話，就以前者為目標，工作的話就以後者為目標。

外在的特質也可以作為目標的一部分反覆檢視。例如，如果設定的目標是「看起來很孩子氣、很可愛」，那麼前面提到的女孩子早已達成目標；但如果目標是希望看起來像「工作能力很強的成熟女性」，她就必須朝這個目標進行調校。

④設定達到最佳狀態的執行方法

掌握特質並設定好目標之後，就要考量有哪些做法可以強調加分的地方，彌補扣分的部分。

以這位女同事來說，我認為強調嬌小體型還不如強調她的五官，更能確實地達成目標。於是建議她可以將頭髮往後紮起，突顯臉部的輪廓，T恤也盡量選擇領口較深的款式。

她的手指纖長，看來很像大人的手，擦上指甲油應該很漂亮。至於裙長建議，則不光是用長、短、中這類籠統的標準，而是告訴她「膝上幾公分的長度，最好是裙襬稍微寬的A字款式」，這樣做幾乎就跟設計包裝時的創意指導一模一樣。

先不管需不需要做到這個程度，重點是，要盡可能仔細地以客觀角度思考。

⑤考量外部環境因素進行調整

設計包裝時，設定好功能面的執行方式之後，就要配合時代趨勢或外在環境，增添一些裝飾性的設計。

就我個人而言，雖然我同意設計包含功能及裝飾兩個部分，但我還是偏向以功能為優先，裝飾是比較不重要的部分。因為創意總監原本的工作，是要善用並凸顯出產品本身的優點，並不需要加上太多修飾。

服裝也一樣，即使要呈現最佳狀態，還是要以功能為優先。「最近流行斜紋布，所以我想選斜紋布的款式。」如果像這樣不太考慮功能，只是迎合時代潮流進行消費，只會離有品味的服裝越來越遠。

Epilogue

「品味」就在每個人心裡

要自覺自己其實是活在「加拉巴哥島」（Galápagos Islands，因達爾文研究進化論而聞名於世）。

在本書的後記，我想以這句標語作為開頭。

如果能體會自身的存在，就只是在一個小島上過著封閉的生活，世界應該會顯得更加開闊。

工作上的事大概都能理解，對某類的興趣也很熟悉……在日常生活中，我們很少覺得有什麼不方便，但這個狀態其實就像一道隱形的鎖，將我們困在加拉巴哥島上。很多時候，我們甚至會鎖住彼此，且這種可怕的狀態並不少見。

許多人不願意冒險、一直把自己關在島上的理由，與其說是恐懼，不如說是怕麻煩吧。再加上，人類這種生物若是不能接受自己所處的環境，就會活得非常痛苦。

請試著接納一定要脫離小島的觀念。就算沒有強大的勇氣，一定也可以順利逃脫。

過去有許多充滿勇氣的人，憑著冒險犯難、追根究柢的精神發現新大陸、環繞地球一周。在他們的年代裡，想要獲得新知、提升品味，可能必須賭上性命。但到了現代，雖然還是有勇於冒險、駕著帆船橫渡太平洋的人，卻已經不需要像哥倫布那樣辛苦了。現代只需要一點點勇氣，脫離所屬的社群或身處的場所，就能展開獲得新知的冒險。

套句我經常說的話：「大概就是從樓梯第〇階跳下來的勇氣。」

只帶著一只背包，不做任何計畫就出國旅行，需要的勇氣大概等同於從樓梯的第二階跳下來。買房子可能需要三階的勇氣。走在陌生的街道上需要的勇氣，跟從第一階跳下來差不多。翻閱從未看過的女性雜誌，只需要連跳下一階都不到的勇氣。

如果能這樣想，說不定會想要一直冒險！

「品味，從知識開始。」每次在演講中說到這句話，多數人都興味盎然並仔細聆聽，但往往因為時間的限制而無法清楚說明。

「最後看來，與生俱來的品味還是最重要吧？」

結果很多人還是會對我這麼說，因此，我才想要寫這本書。

的確，這個世界上或許有極少數的天才，不需要任何知識，只需要憑藉優秀的靈感與天賦，就能創造出驚人的作品。

不過，就算是沒有這種才華的「普通人」，一樣能在品味的世界裡，與任何人一較高下。

我自己就是個從「加拉巴哥島」跳脫出來的實例。我最初的本業是平面設計，但隨著知識的增長，品味的範疇也逐漸擴展。之後除了平面設計，我也開始擴大領域，從事商品企劃、室內設計、產品設計、經營顧問等各式各樣的工作。

正因為有過親身經歷，我才想讓更多人知道，任何人都能提升自己的品味。

在我二十幾歲開始工作時，心中充滿了疑惑。

自己接觸的只是這個商品，或是這家企業「廣告」的一小部分，這樣真的可以嗎？如果要認真對待一個品牌，不是應該要從商品企劃、銷售方式、店面陳列等等全部的面向做整體的考量，才能達到真正的效果嗎？

因為有這樣的想法，我開始逐步加強專業領域之外的知識，不過在拓展工作領域的過程中，也會有人這麼說：

「糕餅店還是要賣糕餅。平面設計師何必去搞室內設計呢？」

如果換個立場，就會發現到處都有類似的狀況。因為自己不是設計師，分不出設計的好壞；因為不是設計師，做不出外觀精美的企劃書……。

然而，時代已經改變了。光是製造出好的東西，或光是做個精彩的廣告，都不保證會讓商品暢銷。

創作的發想、實際產品的設計或產出、通路的選擇、賣場的設計、宣傳方式……如果不能站在品牌這條河川的上游往下游看，從各個切入點提出解決方案，商品就無法暢銷。

在這種情況下，擁有多元的品味將會是強力的武器，必然能對你有所助益。任何人都能無限制地擁有這項武器。如果能讓大家了解這一點，將是我身為作者最大的喜悅。

最後，我要由衷感謝在本書出版過程中大力相助的編輯青木由美子小姐，以及朝日新聞出版的大崎俊明先生。這是我跟兩位合作的第三本書，很多時候在我腦中的模糊想法，都能在與他們兩位討論之後逐漸成型，每次都讓我感到非常驚訝。

此外，我也深深感謝所有即使在忙碌的工作中，仍不忘追求「精準度」的工作人員。拜大家所賜，工作才能如此快樂又充實，謝謝你們。

即使在職場與家庭之間兩頭奔波，仍常保笑容的妻子，謝謝妳一直以來的支持，如果沒有妳的諸多建議，就不會有這本書了。

還有……我的兒子。雖然你現在還不能理解，但因為有你，我才能認真打拚，真的很謝謝你。

希望每一位翻過本書的讀者，都能從「品味是可怕的字眼」的魔咒中獲得解放。我衷心祈禱著，寫到這裡，是該停筆的時候了……。

品味這個寶藏早就在每一個人的心中，請好好享受培養品味的冒險旅程！

二〇一四年春天

水野學